2025 全国二级建造师执业资格考试经典题荟萃

建筑工程管理与实务
百题讲坛

主 编 龙炎飞

中国建设科技出版社有限责任公司
China Construction Science and Technology Press Co., Ltd.
北 京

图书在版编目（CIP）数据

建筑工程管理与实务百题讲坛/龙炎飞主编.
北京：中国建设科技出版社有限责任公司，2024.11.
（2025全国二级建造师执业资格考试经典题荟萃）.
ISBN 978-7-5160-4336-3

Ⅰ.TU71-44

中国国家版本馆CIP数据核字第20240N6S16号

建筑工程管理与实务百题讲坛
JIANZHU GONGCHENG GUANLI YU SHIWU BAITI JIANGTAN
主　编　龙炎飞

出版发行：	中国建设科技出版社有限责任公司
地　　址：	北京市西城区白纸坊东街2号院6号楼
邮　　编：	100054
经　　销：	全国各地新华书店
印　　刷：	北京印刷集团有限责任公司
开　　本：	787mm×1092mm　1/16
印　　张：	11.75
字　　数：	280千字
版　　次：	2024年11月第1版
印　　次：	2024年11月第1次
定　　价：	**79.80元**

本社网址：www.jccbs.com，微信公众号：zgjskjcbs
请选用正版图书，采购、销售盗版图书属违法行为
版权专有，盗版必究。本社法律顾问：北京天驰君泰律师事务所，张杰律师
举报信箱：zhangjie@tiantailaw.com　　举报电话：（010）63567684
本书如有印装质量问题，由我社事业发展中心负责调换，联系电话：（010）63567692

前言

2025年版全国二级建造师执业资格考试《建筑工程管理与实务百题讲坛》，依据最新考试大纲和规范编写而成。本书主要包括二建经典案例题、二建案例模拟题和二建经典选择题三个部分。

第1部分：29道二建经典案例题

本部分精选出历年二建考试中有代表性的经典案例题，并进行精准剖析，同时对题目所涉及的相关知识点做了进一步引申。

第2部分：33道二建案例模拟题

本部分是对第1部分的补充，所涉及的知识点绝大多数是历年考题未曾涉及过的，二建案例模拟题不仅扩展了知识点，还提升了问题的难度，方便读者进一步拓宽知识面，以应对各种可能的出题形式和考核点。

第3部分：近300道二建经典选择题

二建经典选择题主要集中于考试大纲的前三章内容，很适合考生用来刷题。

本书在编写过程中得到了很多授课老师和考生们的宝贵意见和建议，在此一并表示感谢。本书内容虽经反复推敲，仍不免有疏漏和不足之处，恳请广大读者批评指正。

愿我的努力能够帮助广大考生顺利通过二级建造师建筑实务考试。

2024年11月

目 录

第1部分 二建经典案例题

案例	题目	页码
案例 1	2024 年二建 A 卷案例题一（有改动）	1
案例 2	2024 年二建 A 卷案例题二	4
案例 3	2024 年二建 A 卷案例题三（有改动）	7
案例 4	2024 年二建 A 卷案例题四	10
案例 5	2024 年二建 B 卷案例题一	12
案例 6	2024 年二建 B 卷案例题二（有改动）	14
案例 7	2024 年二建 B 卷案例题三（有改动）	16
案例 8	2024 年二建 B 卷案例题四	19
案例 9	2023 年二建案例题一	21
案例 10	2023 年二建案例题二	24
案例 11	2023 年二建案例题三	28
案例 12	2023 年二建案例题四	30
案例 13	2022 年二建案例题一（有改动和删减）	32
案例 14	2022 年二建案例题二（有改动和删减）	34
案例 15	2022 年二建案例题三	35
案例 16	2022 年二建案例题四（有删减）	37
案例 17	2021 年二建案例题一	41
案例 18	2021 年二建案例题二和三（改动大）	44
案例 19	2020 年二建案例题一（改动大）	48
案例 20	2020 年二建案例题二（改动大）	50
案例 21	2020 年二建案例题三（有改动）	52
案例 22	2020 年二建案例题四（有改动）	54
案例 23	2019 年二建案例题一	56
案例 24	2019 年二建案例题二（有删减）	59
案例 25	2019 年二建案例题三（有删减和改动）	61
案例 26	2018 年二建案例题一（有改动）	63
案例 27	2018 年二建案例题二（改动大）	64
案例 28	2018 年二建案例题三（改动大）	66
案例 29	2018 年二建案例题四（改动大）	68

第 2 部分
二建案例模拟题

案例模拟题	页码
案例模拟题 1	70
案例模拟题 2	73
案例模拟题 3	75
案例模拟题 4	78
案例模拟题 5	82
案例模拟题 6	84
案例模拟题 7	87
案例模拟题 8	91
案例模拟题 9	94
案例模拟题 10	97
案例模拟题 11	99
案例模拟题 12	101
案例模拟题 13	103
案例模拟题 14	106
案例模拟题 15	108
案例模拟题 16	111
案例模拟题 17	113
案例模拟题 18	115
案例模拟题 19	118
案例模拟题 20	120
案例模拟题 21	122
案例模拟题 22	124
案例模拟题 23	126
案例模拟题 24	128
案例模拟题 25	130
案例模拟题 26	132
案例模拟题 27	134
案例模拟题 28	136
案例模拟题 29	138
案例模拟题 30	140
案例模拟题 31	142
案例模拟题 32	144
案例模拟题 33	145

第3部分
二建经典选择题

1	建筑设计构造要求	147
2	建筑结构设计与构造要求	149
3	常用结构工程材料	153
4	常用建筑装饰装修和防水、保温材料	156
5	建筑工程施工技术	159
6	建筑工程相关法规与标准	170
7	建筑工程企业资质与施工组织	173
8	施工招标投标与合同管理、进度管理	175
9	施工质量、成本、安全管理	176
10	绿色施工及现场环境管理	179

第1部分

二建经典案例题

案例1 2024年二建A卷案例题一（有改动）

背景资料

某公司中标高新产业园职工宿舍楼项目，建筑面积为2万m^2，地上5层，由4个结构形式和建设规模相同的单体建筑组成，合同施工工期为240d。

中标后，该公司根据施工项目的规模和复杂程度设置矩阵式项目管理组织结构。项目安全管理部门负责人具有注册安全工程师资格证、中级工程师证。

项目经理部根据工序合理、工艺先进的原则确定了施工顺序。本项目各单体建筑共由4个施工过程组成，分别为地基基础工程、主体工程、装饰装修工程、安装工程。每个施工过程组建一个专业工作队，各施工过程的流水节拍见下表。

各施工过程的流水节拍表

施工过程编号	施工过程	流水节拍（d）
Ⅰ	地基基础工程	30
Ⅱ	主体工程	45
Ⅲ	装饰装修工程	30
Ⅳ	安装工程	15

为创建绿色施工示范工程，项目部编制了《施工现场建筑垃圾减量化专项方案》，明确了办公用房、宿舍等采用重复利用率高的标准化临时设施。

问题1 确定项目管理组织结构形式时还应考虑哪些因素？本项目安全管理部门负责人是否符合执业资格要求？说明理由。

【答案】（1）还应考虑的因素有：专业特点、人员素质和地域范围。

（2）不符合执业资格要求。

理由：项目安全管理部门负责人应取得安全生产考核合格证书C证。

> 知识点引申

项目部主要人员执业资格

（1）项目经理：注册建造师执业资格证、安全生产考核合格证书B证。

（2）项目安全管理部门负责人、专职安全员：安全生产考核合格证书C证。

（3）项目特殊工种操作人员：专业特殊工种操作证，如电工操作证、电（气）焊工操作证、施工机械操作证、起重机操作证、高空作业操作证等。

问题2 施工顺序的确定原则还有哪些？

【答案】原则还有：保证质量、安全施工、充分利用工作面、缩短工期。

问题3 计算流水施工工期，并判断是否满足合同工期要求。

【答案】（1）各施工过程流水节拍累加。

地基基础工程Ⅰ：30；60；90；120。

主体工程Ⅱ：45；90；135；180。

装饰装修工程Ⅲ：30；60；90；120。

安装工程Ⅳ：15；30；45；60。

（2）计算流水步距。

```
      30    60    90    120
  -         45    90    135   180
      30    15     0    -15   -180
```

$K_{Ⅰ-Ⅱ} = 30d$

```
      45    90    135   180
  -         30    60    90    120
      45    60    75    90    -120
```

$K_{Ⅱ-Ⅲ} = 90d$

```
      30    60    90    120
  -         15    30    45    60
      30    45    60    75    -60
```

$K_{Ⅲ-Ⅳ} = 75d$

(3) 计算工期。

$$T = \sum K + \sum t_n + G = (30+90+75)+(15+15+15+15) = 255d$$

不满足合同工期要求。

问题 4 如需进行工期优化，选择优化对象时应考虑哪些因素？

【答案】（1）缩短持续时间对质量和安全影响不大的工作。
（2）有备用或替代资源的工作。
（3）缩短持续时间所需增加的资源、费用最少的工作。

知识点引申

资源的调整优化通常分为两种模式：
（1）"资源有限、工期最短"的优化。
（2）"工期固定、资源均衡"的优化。

问题 5 宜采用重复利用率高的标准化临时设施还有哪些？

【答案】还有停车场地、工地围挡、大门、工具棚、安全防护栏杆等。

知识点引申

施工现场建筑垃圾减量化
依据《施工现场建筑垃圾减量化技术标准》JGJ/T 498—2024

(1) 建筑垃圾减量化工作遵循的总体原则：估算先行、源头减量、分类管理、就地处理、排放控制。
(2) 工程弃料宜按类别或施工阶段进行估算。施工阶段的估算应按下列阶段进行：
① 地下结构阶段：±0 及以下结构工程及地基基础工程。
② 地上结构阶段：±0 以上结构工程。
③ 装修及机电安装阶段：屋面工程、装饰装修工程、机电安装工程。
(3) 施工现场临时设施建设，宜采用"永临结合"方式。
(4) 办公用房、宿舍、停车场地、工地围挡、大门、工具棚、安全防护栏杆等，宜采用重复利用率高的标准化临时设施。
(5) 工程计量应按金属类、无机非金属类、有机非金属类及混合类分别按重量计量。
(6) 金属类工程弃料宜进行再利用。无机非金属类工程弃料宜进行再生利用。

案例 2 2024 年二建 A 卷案例题二

背景资料

某学校教学楼工程，地上 5 层，结构类型为钢筋混凝土框架结构。首层层高为 4.5m，2~5 层层高均为 3.9m。门厅设中庭，其高度为 8.4m，跨度为 9.0m×9.0m，采用井字梁楼盖。一层设 8 个普通教室，2~5 层每层设 10 个普通教室，普通教室的使用面积均为 90m²。

施工前，项目部编制了模板工程专项施工方案，部分内容包括：①门厅中庭采用木立柱支模；②立柱底部设置砖垫块；③模板及支架杆件在楼层内集中码放整齐；④因设计无具体要求，井字梁混凝土强度达到设计的混凝土立方体抗压强度标准值的 75% 时拆除梁底模和支架。监理单位要求进行修改，经总监理工程师审查合格后再组织召开危大工程专项施工方案专家论证会。

二层梁板混凝土浇筑前，项目部检查了混凝土运输单，测定了混凝土的坍落度，确认无误后进行了混凝土浇筑。

门窗工程完工后，总监理工程师组织相关人员对门窗子分部工程质量验收，检查了观感质量，并对门窗工程有关安全和功能的检测报告、相关的检查文件和记录进行核查，验收结论为合格。

室内装饰装修验收时，根据《民用建筑工程室内环境污染控制标准》GB 50325—2020，对普通教室的室内环境污染物浓度进行检测。先进行普通教室样板间检测，结果合格后，确定了普通教室的抽检量和检测点。

问题 1 改正模板工程专项施工方案中的不妥之处。

【答案】改正 1：应选用桁架或钢管立柱支模。
改正 2：立柱底部设置木垫板。
改正 3：拆除的模板必须随时清理。
改正 4：井字梁混凝土强度达到设计的混凝土立方体抗压强度标准值的 100% 时方可拆除梁底模和支架。

【解析】井字梁楼盖跨度为 9.0m×9.0m，说明梁的跨度为 9m，底模拆除时的混凝土强度应达到设计的混凝土立方体抗压强度标准值的 100%。

知识点引申

底模拆除时的混凝土强度要求

构件类型	构件跨度（m）	达到设计的混凝土立方体抗压强度标准值的百分率（%）
板	≤2	≥50

续表

构件类型	构件跨度（m）	达到设计的混凝土立方体抗压强度标准值的百分率（%）
板	>2，≤8	≥75
板	>8	≥100
梁、拱、壳	≤8	≥75
梁、拱、壳	>8	≥100
悬臂构件		≥100

问题2 危大工程专项施工方案专家论证的主要内容有哪些？

【答案】（1）专项施工方案内容是否完整、可行。
（2）专项施工方案计算书和验算依据、施工图是否符合有关标准规范。
（3）专项施工方案是否满足现场实际情况，并能够确保施工安全。

知识点引申

专家论证会的参会人员

依据《危险性较大的分部分项工程安全管理规定》（住房城乡建设部令第37号）

（1）专家。
（2）建设单位项目负责人。
（3）勘察、设计单位项目技术负责人及相关人员。
（4）总承包单位和分包单位技术负责人或授权委派的专业技术人员、项目负责人、项目技术负责人、专项施工方案编制人员、项目专职安全生产管理人员及相关人员。
（5）监理单位项目总监理工程师及专业监理工程师。

问题3 二层梁板浇筑前，混凝土的核验内容还应包括哪些？

【答案】（1）核对混凝土配合比。
（2）确认混凝土强度等级。
（3）检查混凝土运输时间。
（4）测定混凝土扩展度。

知识点引申

混凝土浇筑前，现场应检查验收下列工作：
（1）隐蔽工程验收和技术复核。
（2）对操作人员进行技术交底。
（3）检查并确认施工现场具备实施条件。
（4）填报浇筑申请单，并经监理工程师确认。

问题 4 门窗工程有关安全和功能的检测项目有哪些？

【答案】建筑外窗的气密性能、水密性能和抗风压性能。

知识点引申

依据《建筑装饰装修工程质量验收标准》GB 50210—2018

装饰装修工程各子分部工程有关安全和功能的检测项目

子分部工程	检测项目
门窗工程	建筑外窗的气密性能、水密性能和抗风压性能
饰面板工程	饰面板后置埋件的现场拉拔力
饰面砖工程	外墙饰面砖样板及工程的饰面砖粘结强度
幕墙工程	（1）硅酮结构胶的相容性和剥离粘结性 （2）幕墙后置埋件和槽式预埋件的现场拉拔力 （3）幕墙的气密性、水密性、耐风压性能及层间变形性能

建筑装饰装修工程的子分部工程、分项工程划分（部分）

子分部工程	分项工程
门窗工程	木门窗安装，金属门窗安装，塑料门窗安装，特种门安装，门窗玻璃安装
吊顶工程	整体面层吊顶，板块面层吊顶，格栅吊顶
轻质隔墙工程	板材隔墙，骨架隔墙，活动隔墙，玻璃隔墙
饰面板工程	石板安装，陶瓷板安装，木板安装，金属板安装，塑料板安装
饰面砖工程	外墙饰面砖粘贴，内墙饰面砖粘贴
幕墙工程	玻璃幕墙安装，金属幕墙安装，石材幕墙安装，人造板材幕墙安装
建筑地面工程	基层铺设，整体面层铺设，板块面层铺设，木、竹面层铺设

问题 5 普通教室间数的抽检量和每间应设置的检测点数分别是多少？若每层只抽检 3 间，是否满足标准规定？

【答案】（1）普通教室间数的抽检量：不得少于 24 间。（理由：不得少于房间总数的 50%，且不得少于 20 间）

（2）每间应设置的检测点数：2 个检测点。

（3）若每层只抽检 3 间，教室抽检量不满足标准规定。

> **知识点引申**

依据《民用建筑工程室内环境污染控制标准》GB 50325—2020

6.0.12 民用建筑工程验收时,应抽检每个建筑单体有代表性的房间室内环境污染物浓度,氡、甲醛、氨、苯、甲苯、二甲苯、TVOC 的抽检量不得少于房间总数的 5%,每个建筑单体不得少于 3 间,当房间总数少于 3 间时,应全数检测。

6.0.13 民用建筑工程验收时,凡进行了样板间室内环境污染物浓度检测且检测结果合格的,其同一装饰装修设计样板间类型的房间抽检量可减半,并不得少于 3 间。

6.0.14 幼儿园、学校教室、学生宿舍、老年人照料房屋设施室内装饰装修验收时,室内空气中氡、甲醛、氨、苯、甲苯、二甲苯、TVOC 的抽检量不得少于房间总数的 50%,且不得少于 20 间。当房间总数不大于 20 间时,应全数检测。(备注:此条为强制性条款,必须严格执行,没有减半的说法)

6.0.15 当进行民用建筑工程验收时,室内环境污染物浓度检测点数应符合表 6.0.15 的规定。

表 6.0.15 室内环境污染物浓度检测点数设置

房间使用面积(m^2)	检测点数(个)
<50	1
≥50、<100	2
≥100、<500	不少于 3
≥500、<1000	不少于 5
≥1000	≥$1000m^2$ 的部分,每增加 $1000m^2$ 增设 1,增加面积不足 $1000m^2$ 时按增加 $1000m^2$ 计算

案例 3 2024 年二建 A 卷案例题三(有改动)

背景资料

某全装修交付保障房工程,共 12 层,建筑面积为 5 万 m^2,结构形式为装配式混凝土结构。施工单位遵循"四节一环保"理念进行绿色施工管理,在施工组织设计中增加了专门的绿色施工章节,部分绿色施工管理量化指标见下表。

部分绿色施工管理量化指标

项目	目标控制点	控制指标
噪声控制	昼间噪声	昼间监测≤70dB
	夜间噪声	夜间监测≤55dB
节材控制	建筑垃圾回收利用率	建筑垃圾回收利用率达到30%，建筑材料包装物回收利用率达到80%
节地控制	施工用地	临建设施占地面积有效利用率大于70%
节能控制	材料运输	采购地距现场500km内采购量占比不低于50%

施工中发现作业人员有以下行为：电梯井道施工人员作业时，为施工方便，擅自临时拆除了电梯井口防护门，作业完成后恢复了防护门；进行10层预制外墙板吊装时，在没有设置安全隔离层的情况下，抹灰工人在正下方进行1层外墙面饰面作业。

施工单位在2层以上设置了悬挑长度为6m的卸料平台，卸料平台与外围护脚手架采用拉结连接，监理工程师判定为高处作业重大事故隐患。

经检查，施工单位在建筑内部装修工程的防火施工过程中（包括隐蔽工程的施工过程中及完工后）的抽样检验结果和现场进行阻燃处理、喷涂、安装作业的抽样检验结果均符合设计要求。建设单位项目负责人组织施工单位项目负责人、监理工程师和设计单位项目负责人等进行了建筑内部装修防火工程质量验收。

工程竣工后，统计得到固体废弃物（不包括工程渣土、工程泥浆）排放量为1500t。

问题1 改正表中控制指标的不妥之处。

【答案】（1）建筑垃圾回收利用率：建筑材料包装物回收利用率达到100%。
（2）施工用地：临建设施占地面积有效利用率大于90%。
（3）材料运输：采购地距现场500km内采购量占比不低于70%。

问题2 针对施工中作业人员的不规范操作，给出正确做法。

【答案】（1）施工过程中，不得擅自拆除电梯井防护门。
（2）交叉作业人员不允许在同一垂直方向上操作。当不能满足要求时，应设置安全隔离层进行防护。

问题3 悬挑式卸料平台正确的做法是什么？高处作业判定为重大事故隐患的情形还有哪些？

【答案】1. 悬挑式卸料平台正确的做法：
（1）悬挑长度不宜大于5m。
（2）卸料平台不能与外围护脚手架进行拉结，应与建筑结构进行拉结。

2. 高处作业判定为重大事故隐患的情形还有：
   （1）钢结构、网架安装用支撑结构地基基础承载力和变形不满足设计要求，钢结构、网架安装用支撑结构未按设计要求设置防倾覆装置。
   （2）单榀钢桁架（屋架）安装时未采取防失稳措施。
   （3）悬挑式操作平台的搁置点、支撑点未设置在稳定的主体结构上，且未做可靠连接。

【解析】本问第二小问要审清题意，高处作业判定为重大事故隐患的情形还有哪些？说明题目背景已经给出其中的某些情形，卸料平台与外围护脚手架采用拉结连接，也就是悬挑式操作平台的拉结点未设置在稳定的主体结构上，且未采取可靠连接。

知识点引申

操作平台安全控制要点

（1）移动式操作平台台面不得超过 $10m^2$，高度不得超过 5m，高宽比不应大于 2∶1。台面脚手板要铺满钉牢，台面四周设置防护栏杆。平台移动时，作业人员必须下到地面，不允许带人移动平台。

（2）悬挑式操作平台的悬挑长度不宜大于 5m，周围安装防护栏杆。悬挑式操作平台安装时不能与外围护脚手架进行拉结，应与建筑结构进行拉结。

（3）落地式操作平台高度不应大于 15m，高宽比不应大于 3∶1，与建筑物应进行刚性连接或加设防倾措施，不得与脚手架连接。

问题 4 根据《建筑内部装修防火施工及验收规范》GB 50354—2005，工程质量验收还应符合哪些要求？

【答案】（1）技术资料应完整。
（2）所用装修材料或产品的见证取样检验结果应符合设计要求。
（3）施工过程中的主控项目检验结果应全部合格。
（4）施工过程中的一般项目检验结果合格率应达到 80%。

问题 5 该工程固体废弃物排放量是否符合绿色施工标准？说明理由。

【答案】工程固体废弃物排放量：不符合绿色施工标准。
理由：根据绿色施工管理量化指标，装配式混凝土结构现场的固体废弃物排放量不大于 $200t/万\ m^2$。本项目建筑面积为 5 万 m^2，固体废弃物排放量最高应为 1000t。

知识点引申

根据绿色施工管理量化指标，固体废弃物排放量，现浇混凝土结构现场不大于 $300t/万\ m^2$，装配式混凝土结构现场不大于 $200t/万\ m^2$。

案例 4 2024 年二建 A 卷案例题四

背景资料

某住宅小区工程，建筑面积为 5.1 万 m^2，招标文件要求按工程量清单计价规范报价。某建筑企业采用不平衡报价法编制投标报价并中标，合同工期为 20 个月。由于配套的供热工程设计图纸内容不明确，估计确定后会增加工程量，建筑企业适当降低了供热工程的投标报价；因前期的土方工程能够早日回收工程款，建筑企业适当降低了土方工程的投标报价。

该工程中标价组成中，分部分项工程费为 9000 万元，措施项目费为 600 万元，其他项目费为 400 万元，规费以上述费用为基数，费率为 2%，以上费用均不含增值税进项税额，增值税税率为 9%。工程开工后第 3 个月，建设单位指令增加工程量 $5100m^2$，按原中标单价计价。

在施工阶段，上级主管机构组织开展了工程质量管理考评活动和施工安全管理检查评定。

问题 1 指出该企业投标报价时不平衡报价法使用的不妥之处，并给出正确做法。

【答案】不妥 1：建筑企业降低供热工程的投标报价。
正确做法：预计工程量可能变更增加的项目，应适当提高投标报价。
不妥 2：建筑企业降低土方工程的投标报价。
正确做法：对早日能够回收工程款的前期分部分项工程，应适当提高投标报价。

知识点引申

不平衡报价法

在总体报价基本确定不变的前提下，调整内部各个子项的报价。通常做法：
（1）对早日能够回收工程款的前期分部分项工程，适当提高投标报价。
（2）预计工程量可能变更增加的项目，适当提高投标报价。
（3）设计图纸内容不明确或者有错误，估计修改后工程量需要增加的项目，适当提高报价。
（4）对没有确定工程量，只要求填报投标单价的项目，或招标人要求采用包干单价的项目，适当提高报价。
（5）在暂定项目中，对实施可能性大的项目，适当提高投标报价。

问题 2 该工程中标价中规费、增值税和中标总价分别是多少？

【答案】规费：（9000+600+400）×2%＝200 万元
增值税：（9000+600+400+200）×9%＝918 万元
中标总价：9000+600+400+200+918＝11118 万元

问题 3 建设单位指令的工程量增加后，该企业可索赔工期是多少个月？

【答案】索赔工期：5100÷51000×20＝2 个月

问题 4 工程质量管理考评的主要内容是什么？

【答案】质量管理与质量保证体系、工程实体质量、工程质量保证资料。

> 知识点引申

施工现场综合考评的内容

施工现场综合考评内容分为建筑业企业的施工组织管理、工程质量管理、施工安全管理、文明施工管理和建设、监理单位的现场管理等 5 个方面。

（1）施工组织管理考评的主要内容：企业及项目经理资质情况、合同签订及履约管理、总分包管理、关键岗位培训及持证上岗、施工组织设计及实施情况等。

（2）施工安全管理考评的主要内容：安全生产保证体系和施工安全技术、规范、标准的实施情况等。

（3）文明施工管理考评的主要内容：场容场貌、料具管理、环境保护、社会治安情况等。

问题 5 施工安全管理检查评定的保证项目除了施工组织设计及专项施工方案之外，还包括哪些？

【答案】安全生产责任制、安全技术交底、安全检查、安全教育、应急救援。

> 知识点引申

安全技术交底
依据《建筑施工安全检查标准》JGJ 59—2011 中的 3.1.3 条

（1）施工负责人在分派生产任务时，应对相关管理人员、施工作业人员进行书面安全技术交底。

（2）安全技术交底应按施工工序、施工部位、施工栋号分部分项进行。

（3）安全技术交底应按施工作业场所状况、特点、工序，对危险因素、施工方案、规范标准、操作规程和应急措施进行交底。

（4）安全技术交底应由交底人、被交底人、专职安全员进行签字确认。

案例 5 2024 年二建 B 卷案例题一

背景资料

某住宅小区工程，地下 1 层，地上 14~23 层不等，总建筑面积为 5.6 万 m²。施工总承包企业中标后组建项目部进场施工。项目部依据实用性、安全性和经济性等模板工程设计原则，针对不同的工程结构或构件分别采用了砖胎模、铝合金模板、钢大模板和胶合板模板等模板体系。各模板体系施工记录如图 1~图 4 所示。

图 1

图 3

图 4

（图 2 位于图 1 右侧）

开工前，项目部编制了施工组织总设计，监理工程师审核后，指出施工总平面图设计要求有以下不妥之处：

（1）危险品仓库远离现场单独设置，距在建工程不小于 10m。

（2）工作有关联的加工厂适当分散布置。

（3）货物装卸时间长的仓库靠近路边。

（4）主干道单行循环，兼作消防车道，宽度 3.5m。

项目部遵循"先准备、后开工""先地下、后地上"等施工顺序,编制了某单位工程施工进度计划网络图,如图5所示。施工中先后发生如下事件:设计变更增加工作量,使C工作延长2周;当地持续暴雨无法施工,使E工作延长1周;采用新技术,使K工作压缩2周。项目部及时对施工进度计划进行了调整。

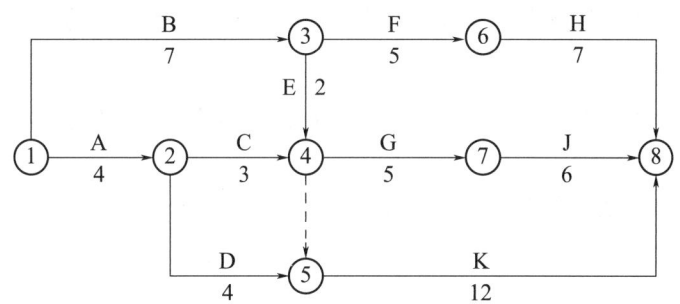

图5 某单位工程施工进度计划网络图(单位:周)

项目工程师依据《危险性较大的分部分项工程专项施工方案编制指南》制定了塔式起重机安装拆除专项施工方案,主要内容包括工程概况、编制依据、管理及作业人员配备和分工、验收要求、计算书及相关施工图纸等。编制完成后报送企业技术部门审核,企业技术负责人指出,塔式起重机附着仅验算了附墙耳板各部位的强度、附着杆强度和稳定性,要求补充完整后重新报审。

问题1 分别写出图1~图4代表的模板体系(如图1胶合板模板)。模板工程设计安全性原则的主要内容有哪些?

【答案】(1) 图1胶合板模板;图2钢大模板;图3铝合金模板;图4砖胎模。
(2) 安全性原则的主要内容:强度、刚度、稳定性。

问题2 指出施工总平面图设计要求中不妥之处的正确做法。

【答案】(1) 危险品仓库距在建工程不小于15m。
(2) 工作有关联的加工厂适当集中。
(3) 货物装卸时间长的仓库应远离道路边。
(4) 单行主干道宽度不小于4m。

> 知识点引申

施工总平面图设计要点

(1) 设置大门,引入场外道路。
(2) 布置大型机械设备。
(3) 布置仓库、堆场。
(4) 布置加工厂。

(5) 布置场内临时运输道路。

(6) 布置临时房屋。

(7) 布置临时水电管网和其他动力设施。

问题3 一般工程的施工顺序还有哪些？指出图5经各项事件调整后的关键线路和总工期。（关键线路用工作表示，如 A→B→C）

【答案】（1）施工顺序还有：先主体、后围护；先结构、后装饰；先土建、后设备。

（2）关键线路：B→E→G→J。

（3）总工期：7+2+1+5+6=21 周。

知识点引申

施工方法的确定原则：先进性、可行性、经济性。

问题4 危大工程专项施工方案的主要内容还有哪些？塔式起重机附着验算还有哪些内容？

【答案】（1）内容还有：施工计划、施工工艺技术、施工安全保证措施、应急处置措施。

（2）附着验算内容还有：附着点强度、穿墙螺栓、销轴和调节螺栓等。

案例6 2024年二建B卷案例题二（有改动）

背景资料

某新建住宅楼工程，地下1层，地上15层，裙房3层。主楼为剪力墙结构，裙房为混凝土加框架结构，裙房临近主楼之间留有后浇带，项目所处位置要求文明施工程度较高，施工单位中标后有序开展工程施工。

项目部按照绿色施工要求制定管理量化指标，部分指标见下表。施工过程中，通过信息化手段监测并分析施工现场噪声、有害气体、固体废弃物等各类污染物。

绿色施工管理量化指标表（部分）

序号	项目	目标控制点	控制指标
1	噪声控制	昼间噪声、夜间噪声	昼间监测≤AdB，夜间监测≤BdB
2	节材控制	建筑实体材料损耗率	比定额损耗率降低 C%
3	节水控制	施工用水	用水量节省不低于定额用水量的 D%

续表

序号	项目	目标控制点	控制指标
4	节地控制	施工用地	临建设施占地面积有效利用率大于90%
5	职业健康安全	个人防护器具配备	其中电焊工防护器具配备率 E%

项目部编制的施工组织设计中，对消防管理做出了具体要求，强调建立健全各种消防安全职责并落实责任，包括落实消防安全制度、建立消防组织机构等。办公区域的灭火器按照要求设置在明显的位置，如房间出入口、走廊等，方便使用。

公司对项目部进行安全检查时发现以下违规之处：
（1）安全帽使用年限超过3年。
（2）地下室后浇带附近水平模板随其他模板一起拆除后回顶后浇带两边楼板。
（3）木工作业人员佩戴防护手套进行平刨操作。
（4）三层结构施工时，开始按要求搭设人员进出的通道防护棚。
（5）办公区域配电箱PE线上装设了开关。

裙房在结构施工期间，外围搭设了落地式作业钢管脚手架，脚手架的设计考虑了永久荷载和可变荷载，包括脚手板、安全网、栏杆等附件的自重，其他永久荷载和其他可变荷载等。

问题1 写出表中 A、B、C、D、E 处的控制指标。通过信息化手段监测的施工现场污染物还有哪些？

【答案】（1）A：70 B：55 C：50 D：10 E：100
（2）施工现场污染物还有：扬尘、光、污水等。

问题2 消防安全管理职责和责任还有哪些？办公区域还有哪些位置需要设置灭火器？

【答案】（1）消防安全管理职责和责任还有：消防安全操作规程、消防应急预案及演练、消防设施平面布置、组织义务消防队等。
（2）办公区域需设置灭火器的位置还有：通道、门厅及楼梯等部位。

问题3 指出安全检查发现的违规之处的正确做法。

【答案】（1）安全帽使用年限不得超过2年。
（2）后浇带附近的水平模板及支撑严禁随其他模板一起拆除，待后浇带浇筑完毕并达到拆模要求后方可拆除。
（3）严禁戴手套进行平刨操作。
（4）结构施工自2层起，人员进出的通道口都应搭设防护棚。
（5）配电箱PE线上严禁装设开关。

> 知识点引申

平刨

平刨的护手装置、传动防护罩、接零保护、漏电保护装置必须齐全有效,严禁拆除安全护手装置进行刨削,严禁戴手套进行操作。

> 问题4　脚手架设计永久荷载和可变荷载还包括哪些?作业脚手架还有哪些类型?

【答案】(1)永久荷载还包括:脚手架结构件自重、支撑脚手架所支撑的物体自重。
(2)可变荷载还包括:施工荷载、风荷载。
(3)作业脚手架类型还有:悬挑脚手架、附着式升降脚手架等。

> 知识点引申

作业脚手架施工荷载标准值

(1)应根据实际情况确定作业脚手架上的施工荷载标准值,且不应低于下表规定。

序号	作业脚手架用途	施工荷载标准值(kN/m^2)
1	砌筑工程作业	3.0
2	其他主体结构工程作业	2.0
3	装饰装修作业	2.0
4	防护作业	1.0

(2)当作业脚手架上存在2个及以上作业层同时作业时,在同一跨距内各操作层的施工荷载标准值总和取值不应小于$5.0kN/m^2$。

案例7　2024年二建B卷案例题三(有改动)

背景资料

某新建保障性住房工程,总建筑面积为4.8万m^2,由12栋12层住宅楼及地下车库组成。基础采用钢筋混凝土灌注桩基础,地下车库为现浇钢筋混凝土框架-剪力墙结构。受力钢筋采用直螺纹连接,住宅楼地上3层及以上为装配式钢筋混凝土剪力墙结构。竖向构件钢筋采用套筒灌浆连接。

项目部编制了桩基工程专项施工方案,公司审核时认为以下条款不妥,要求改正:
(1) 钢筋笼起吊,吊点设在主筋上,安装时采取变形措施。
(2) 泥浆循环清孔后,护壁泥浆相对密度宜控制在 1.15~1.35。
(3) 地下灌注桩桩顶标高比设计标高高出 500~1000mm。

地下车库施工中,质检人员对钢筋分项工程进行隐蔽验收,检查内容包括受力钢筋接头的连接方式、接头位置和箍筋的牌号、规格、数量、位置等。

公司对装配式混凝土结构施工进行了专项检查,发现以下不妥之处:
(1) 预制构件在吊装过程中,要求吊索与构件的水平夹角不应小于60°。
(2) 装配式混凝土剪力墙采用坐浆法施工。
(3) 钢筋套筒灌浆作业采用压浆法从下灌浆孔灌注,当浆料从出浆孔流出后及时封堵。

总监理工程师组织施工单位、设计单位相关人员对各分部工程进行验收,明确建筑节能分部工程质量验收合格规定包括:
(1) 分项工程验收应全部合格。
(2) 质量控制资料应完整等。

问题1 写出桩基工程专项施工方案不妥内容的正确做法。

【答案】(1) 钢筋笼起吊吊点宜设在加强箍筋部位。
(2) 清孔后的泥浆相对密度控制在 1.15~1.25。
(3) 灌注桩超灌高度应高于设计桩顶标高 1.0m 以上。

知识点引申

泥浆护壁钻孔灌注桩施工过程质量控制

(1) 泥浆护壁和清孔:用泥浆循环清孔时,清孔后的泥浆相对密度控制在 1.15~1.25。第一次清孔在提钻前,第二次清孔在沉放钢筋笼、下导管后。
(2) 水下混凝土浇筑:水下浇筑混凝土坍落度宜为 180~220mm,混凝土初灌量应满足导管埋入混凝土深度不小于 0.8m 的要求,以后的浇筑中导管埋深宜为 2~6m。混凝土超灌高度应高于设计桩顶标高 1.0m 以上,充盈系数不应小于 1.0。

问题2 钢筋分项工程受力钢筋接头和箍筋隐蔽工程检查验收内容有哪些?

【答案】(1) 受力钢筋接头隐蔽工程检查验收内容:连接方式、接头位置、接头质量、接头面积百分率、搭接长度。
(2) 箍筋隐蔽工程检查验收内容:牌号、规格、数量、间距、位置、弯钩的弯折角度及平直段长度。

问题3 写出装配式混凝土结构施工不妥内容的正确做法。

【答案】（1）水平夹角不宜小于60°，不应小于45°。
（2）高层建筑装配式混凝土剪力墙宜采用连通腔灌浆施工。
（3）从下灌浆孔注入，从其他灌浆孔、出浆孔平稳流出后及时封堵。

> 知识点引申

常温型灌浆料的使用

（1）任何情况下，灌浆料拌合物温度不应低于5℃，不宜高于30℃。
（2）当灌浆施工开始前的气温、施工环境温度低于5℃时，应采取加热及封闭保温措施，宜确保从灌浆施工开始24h内施工环境温度、灌浆部位温度不低于5℃，之后宜继续封闭保温2d。
（3）当灌浆施工过程的气温低于0℃时，不得采用常温型灌浆料施工。

问题4 需要设计单位参加验收的分部工程有哪些？节能分部工程质量验收合格规定还有哪些？

【答案】（1）需要设计单位参加验收的分部工程有：地基与基础工程、主体结构工程、建筑节能工程。
（2）节能分部工程质量验收合格规定还有：
① 外墙节能构造现场实体检验结果应符合设计要求。
② 建筑外窗气密性能现场实体检测结果应符合设计要求。
③ 建筑设备工程系统节能性能检测结果应合格。

> 知识点引申

分部工程质量验收程序和组织
依据《建筑工程施工质量验收统一标准》GB 50300—2013

6.0.3 分部工程应由总监理工程师组织施工单位项目负责人和项目技术负责人等进行验收。

勘察、设计单位项目负责人和施工单位技术、质量部门负责人应参加地基与基础分部工程的验收。

设计单位项目负责人和施工单位技术、质量部门负责人应参加主体结构、节能分部工程的验收。

> 知识点引申

依据《建筑节能工程施工质量验收标准》GB 50411—2019

18.0.2 参加建筑节能工程验收的各方人员应具备相应的资格，其程序和组织应符合下列规定：

1 节能工程检验批验收和隐蔽工程验收应由专业监理工程师组织并主持，施工单位相关专业的质量检查员与施工员参加验收。

2 节能分项工程验收应由专业监理工程师组织并主持，施工单位项目技术负责人和相关专业的质量检查员、施工员参加验收；必要时可邀请主要设备、材料供应商及分包单位、设计单位相关专业的人员参加验收。

3 节能分部工程验收应由总监理工程师组织并主持，施工单位项目负责人、项目技术负责人和相关专业的负责人、质量检查员、施工员参加验收；施工单位的质量、技术负责人应参加验收；设计单位项目负责人及相关专业负责人应参加验收；主要设备、材料供应商及分包单位负责人应参加验收。

案例 8　2024 年二建 B 卷案例题四

背景资料

某施工单位承建城中村改造工程，建筑面积为 65000m²，钢筋混凝土结构。工程计价采用工程量清单计价模式，与建设单位按照《建设工程施工合同（示范文本）》GF-2017-0201 签订施工总承包合同。双方约定，工程预付款为 10%，除钢材、水泥、铜材等按实际调整外，其他一律不予调整。

施工单位签约合同价的有关费用如下：分部分项工程费 22000.00 万元；暂列金额 4000.00 万元；总承包服务费 1000.00 万元；措施项目费以建筑面积为基数，按照 200.00 元/m² 计取；规费费率为 2%；增值税费率为 9%。经分析测算，包括人工费在内的工程直接成本为 19900.00 万元。

施工单位按照合同约定进场后，及时开展了各项准备工作，按合同约定工程预付款付款之日向建设单位提交工程预付款申请。工程预付款约定支付期满 7d 内，建设单位仍未支付，施工单位向建设单位发出停工通知书，并采用了停工措施，在停工 7d 后向建设单位提交了索赔申请报告。

施工过程中因砌块市场供应紧张，不能满足工程进度需要，施工单位向监理单位提交了采用 ALC 隔墙板替代砌块的合理化建议说明书，监理单位核实确认之后，上报建设单位。

问题 1　本工程签订的合同属于什么类型？该合同适用的工程类型有哪些？

【答案】（1）本工程合同类型：可调总价合同。

（2）适用的工程类型有：工程规模大、技术难度大、图纸设计不完整、设计变更多、工期较长（一般在一年之上）。

【解析】根据本题意思表示，计价方式不是单价合同。虽然单价合同也要约定合同总价，但最终是根据实际工程量来结算的。也就是说，不管是固定单价合同还是可调单价合同，只要实际工程量发生变化，合同总价均可调整。而题目背景明确，除钢材、水泥、铜材等按实际调整外，其他一律不予调整。故不是单价合同。

问题 2 列式计算本工程中的中标造价是多少万元？（保留小数点后两位）

【答案】措施项目费：200.00×65000＝1300.00 万元

其他项目费：4000.00＋1000.00＝5000.00 万元

中标造价：（22000.00＋1300.00＋5000.00）×（1＋2%）×（1＋9%）＝31463.94 万元

问题 3 直接成本由哪些费用构成？

【答案】直接成本由人工费、材料费、机械费、措施费构成。

知识点引申

工程施工成本

工程施工成本分为直接成本和间接成本，两者构成工程的完全成本。
（1）直接成本，又称直接费，由人工费、材料费、机械费、措施费构成。
（2）间接成本，又称间接费，由企业管理费和规费组成，是指施工企业、项目部为组织和管理工程施工生产发生的各项管理相关费用。

问题 4 施工单位采用停工的做法是否正确？施工单位能够获得的索赔事项有哪些？

【答案】（1）施工单位采用停工的做法：正确。
（2）能获得的索赔事项：停工所增加的费用、延误的工期、合理的利润。

知识点引申

预付款

预付款的预付时间应不迟于约定的开工日期前 7d。发包人没有按时支付预付款的，承包人可催告发包人支付。

发包人在付款期满后的 7d 内仍未支付的，承包人可在付款期满后的第 8d 起暂停施工。发包人应承担由此增加的费用和（或）延误的工期，并向承包人支付合理的利润。

问题5 施工单位提交的合理化建议说明书包括的主要内容有哪些?

【答案】合理化建议说明书包括的主要内容有:
(1)建议的内容和理由。
(2)实施该建议对合同价格和工期的影响。

案例9　2023年二建案例题一

背景资料

某群体工程由甲、乙、丙三个独立的单体建筑组成,预制装配式混凝土结构。每个单体均有四个施工过程:基础、主体结构、二次结构、装饰装修。每个单体作为一个施工段,四个施工过程采用四个作业队组织无节奏流水施工。三个单体各施工过程流水节拍见表1。总工期最短的流水施工进度计划见图1。

表1　三个单体各施工过程流水节拍表

序号	施工段	施工过程			
		基础	主体结构	二次结构	装饰装修
1	甲栋	A	B	2	3
2	乙栋	4	3	C	2
3	丙栋	2	3	D	E

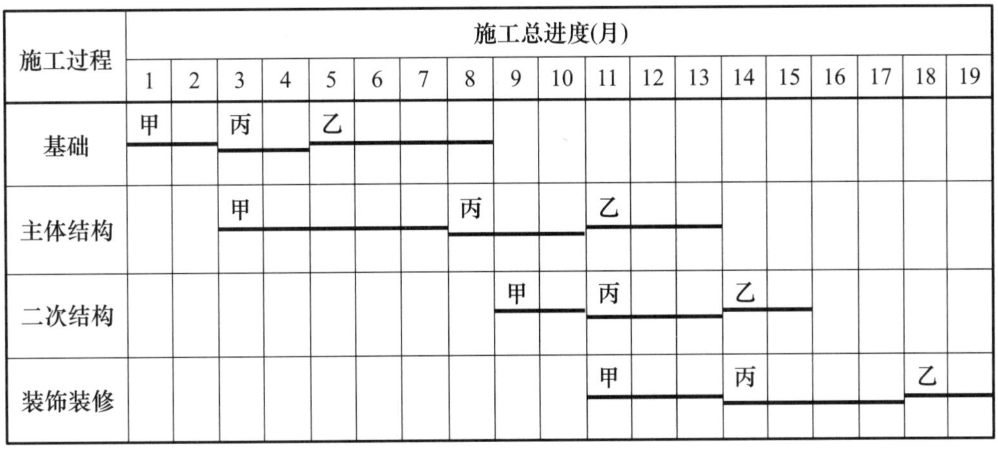

施工过程	施工总进度(月)																		
	1	2	3	4	5	6	7	8	9	10	11	12	13	14	15	16	17	18	19
基础	甲		丙		乙														
主体结构			甲					丙		乙									
二次结构									甲		丙		乙						
装饰装修											甲		丙			乙			

图1　流水施工进度计划图

政府主管部门检查《建设工程质量检测管理办法》（住房城乡建设部令第57号）执行情况：施工单位委托了监理单位控股的具有检测资质的检测机构负责工程的质量检测工作；建设单位按照合同采购一批钢材时，要求钢材供应商在总承包单位材料人员见证下，从其货场对该批钢材取样送检，检测合格后送到施工现场使用。要求相关单位对存在的问题进行整改。

总承包项目部预制剪力墙板施工记录中留存有包含施工放线、墙板起吊、安装就位、临时支撑、连接灌浆等施工工序的图像资料，详见图2~图6。资料显示，墙板安装就位后，通过可调临时支撑和垫片调整墙板安装偏差满足规范要求。

图2

图3

图4

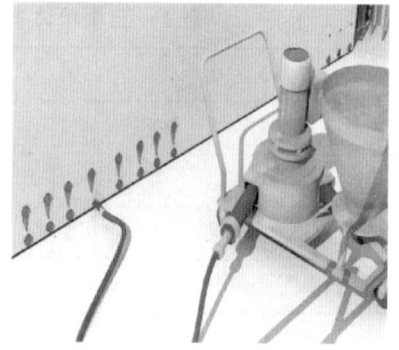

图5

图6

问题1 补充表1中A~E处的流水节拍。（如A-2）甲栋、乙栋、丙栋的施工工期各是多少？

【答案】（1）流水节拍如下：
A-2 B-5 C-2 D-3 E-4
（2）施工工期：
甲栋：13个月
乙栋：15个月
丙栋：15个月

问题2 指出《建设工程质量检测管理办法》执行中的不妥之处，并写出正确做法。

【答案】不妥1：施工单位委托检测机构。
理由：应建设单位委托检测机构。
不妥2：委托监理单位控股的检测机构。
理由：检测机构与工程相关单位不得有隶属关系。
不妥3：总包单位材料人员见证下取样送检。
理由：应由监理单位人员见证。
不妥4：在货场对该批钢材取样送检。
理由：应在施工现场取样。

知识点引申

依据《建设工程质量检测管理办法》（住房城乡建设部令第57号）

第十五条 检测机构与所检测建设工程相关的建设、施工、监理单位，以及建筑材料、建筑构配件和设备供应单位不得有隶属关系或者其他利害关系。

第十八条 建设单位委托检测机构开展建设工程质量检测活动的，建设单位或者监理单位应当对建设工程质量检测活动实施见证。见证人员应当制作见证记录，记录取样、制样、标识、封志、送检以及现场检测等情况，并签字确认。

第十九条 提供检测试样的单位和个人，应当对检测试样的符合性、真实性及代表性负责。检测试样应当具有清晰的、不易脱落的唯一性标识、封志。

建设单位委托检测机构开展建设工程质量检测活动的，施工人员应当在建设单位或者监理单位的见证人员监督下现场取样。

问题3 分别写出预制剪力墙板施工记录图2~图6代表的施工工序。（如图2墙板起吊）写出五张图片的施工顺序。（如2-3-4-5-6）

【答案】（1）施工工序：图2墙板起吊；图3施工放线；图4临时支撑；图5连接灌浆；图6安装就位。
（2）施工顺序：3-2-6-4-5。

知识点引申

预制剪力墙板安装

(1) 吊装工艺：基层处理→测量放线→预制墙板起吊→下层竖向钢筋对孔→预制墙板就位→安装临时支撑→预制墙板校正→临时支撑固定→摘钩→堵缝、灌浆。

(2) 以轴线和轮廓线为控制线，外墙应以轴线和外轮廓线双控制。

(3) 安装就位后应设置可调斜撑作临时固定，测量预制墙板的水平位置、倾斜度、高度等，通过墙底垫片、临时斜支撑进行调整。

问题 4 装配式混凝土结构预制构件还有哪些？墙板就位后测量的偏差项目都有哪些？

【答案】(1) 预制构件还有：柱、梁、板、楼梯、阳台板。

(2) 测量项目：水平偏差、垂直偏差、标高偏差。

案例 10 2023 年二建案例题二

背景资料

某新建高层住宅项目，地下 1 层，地上 20 层，建筑面积 18000m²。施工单位组建项目部进场组织施工。

项目部提出了现场文明施工管理做到围挡、大门、标牌标准化，材料码放整齐化等"六化"的基本要求。施工现场大门处设置了包括工程概况牌、管理人员名单及监督电话牌、施工现场总平面图等"五牌一图"。

公司主管部门检查了临时用电安全技术档案，内容包括了用电组织设计资料，电气设备试、检验凭单和调试记录，接地电阻、绝缘电阻和漏电保护器漏电动作参数测定记录表等。同时指出了以下问题：土建工程师编制临时用电组织设计；总配电箱设置在用电设备相对集中区域的中心地带；开关箱内装配总漏电保护器；由编制人和使用单位进行验收。

悬挑脚手架搭设到设计高度后，监理工程师组织总承包单位技术负责人（授权委派技术人员）、项目负责人等相关人员进行验收。验收内容包括专项施工方案、产品合格证、检查记录等技术资料。

项目部按照《建筑施工安全检查标准》JGJ 59—2011 对现场悬挑式脚手架、起重吊装等评定项目进行检查评定，分项检查评分表无零分项，汇总表得分 78 分。起重吊装项目检查包括了施工方案、起重机械等保证项目和高处作业等一般项目。

问题 1 现场文明施工管理"六化"中安全设施、生活设施、职工行为、工作生活的基本要求是什么?"五牌一图"的内容还有哪些?

【答案】(1)"六化"基本要求:安全设施规范化、生活设施整洁化、职工行为文明化、工作生活秩序化。

(2)"五牌一图"的内容还有:消防保卫牌、安全生产牌、文明施工牌。

> 知识点引申

现场文明施工管理

1. 现场文明施工主要内容:
(1) 规范场容、场貌,保持作业环境整洁卫生。
(2) 创造文明有序和安全生产的条件和氛围。
(3) 减少施工过程对居民和环境的不利影响。
(4) 树立绿色施工理念,落实项目文化建设。

2. 施工现场围挡:
(1) 施工现场应实行封闭管理,并应采用硬质围挡。
(2) 市区主要路段的施工现场围挡高度不应低于 2.5m,一般路段围挡高度不应低于 1.8m。
(3) 距离交通路口 20m 范围内占据道路施工设置的围挡,其 0.8m 以上部分应采用通透性围挡,并应采取交通疏导和警示措施。

3. 施工现场要做到工完场清、施工不扰民、现场不扬尘、运输无遗撒、垃圾不乱弃。

4. 宿舍必须设置可开启式外窗,床铺不得超过 2 层,通道宽度不得小于 0.9m。宿舍内净高不得小于 2.5m,住宿人员人均面积不得小于 $2.5m^2$,且每间宿舍居住人员不得超过 16 人。

5. 文明施工宣传方式:宣传栏、报刊栏、悬挂安全标语、悬挂安全警示标志牌。

问题 2 改正临时用电管理中的错误做法。临时用电安全技术档案的内容还有哪些?

【答案】1. 改正错误做法:
改正一:电气工程技术人员编制临时用电组织设计。
改正二:分配电箱设置在用电设备相对集中区域的中心地带。
改正三:总配电箱内装配总漏电保护器。
改正四:经编制、审核、批准部门和使用单位共同验收。

2. 临时用电安全技术档案还有:
(1) 修改用电组织设计的资料。
(2) 用电技术交底资料。
(3) 用电工程检查验收表。

(4)定期检查表。

(5)电工安装、巡检、维修、拆除工作记录。

> 知识点引申

现场临时用电管理

1. 用电组织设计

编制条件	用电设备≥5台或设备总容量≥50kW,应编制用电组织设计;否则应制定安全用电和电气防火措施
编制人员	电气工程技术人员
审批程序	相关部门审核,具有法人资格企业的技术负责人审批,现场监理签认
临时用电工程	经编制、审核、批准部门和使用单位验收合格,方可投入使用

2. 三级配电和两级漏电保护

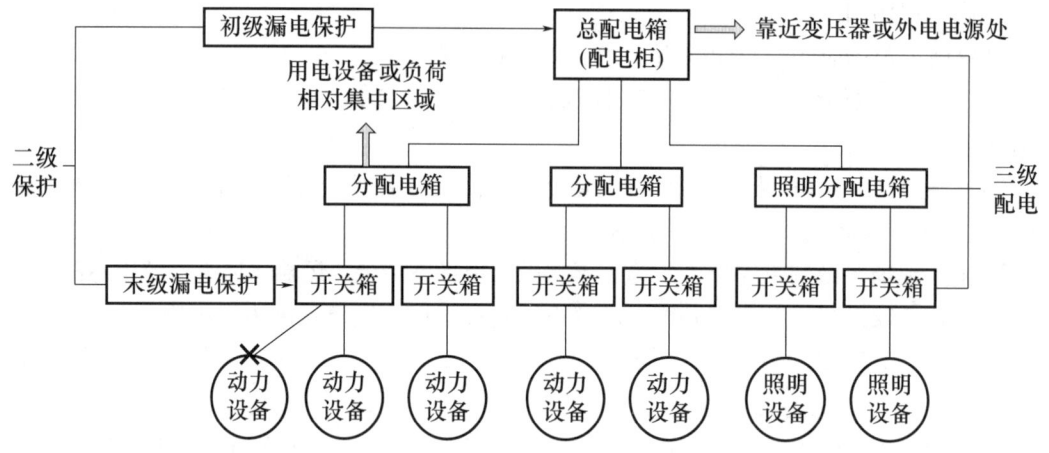

问题3 脚手架验收内容还有哪些?总承包单位参与危大工程(悬挑脚手架)验收的人员还有哪些?

【答案】1. 脚手架验收内容还包括:

(1)材料与构配件质量。

(2)搭设场地、支撑结构件的固定。

(3)架体搭设质量。

(4)使用说明及检测报告、测试记录等技术资料。

2. 总承包单位参与危大工程(悬挑脚手架)验收人员还有:

(1)项目技术负责人。

(2)专项施工方案编制人员。

(3)项目专职安全生产管理人员及相关人员。

> 知识点引申

脚手架检查与验收要求

（1）项目经理组织；项目施工、技术、安全、作业班组负责人参加。
（2）分段搭设、分段验收。

危大工程验收人员
依据建办质〔2018〕31号文

（1）总承包单位和分包单位技术负责人或授权委派的专业技术人员、项目负责人、项目技术负责人、专项施工方案编制人员、项目专职安全生产管理人员及相关人员（企业1+项目4）。
（2）监理单位项目总监理工程师及专业监理工程师。
（3）有关勘察、设计和监测单位项目技术负责人。

问题4 本次安全检查评定的等级是什么？分别写出起重吊装检查评定的保证项目和一般项目还有哪些。

【答案】（1）评定等级：合格。
（2）评定项目还有：
保证项目：钢丝绳与地锚、索具、作业环境、作业人员。
一般项目：起重吊装、构件码放、警戒监护。

> 知识点引申

施工安全检查评定等级
依据《建筑施工安全检查标准》JGJ 59—2011

评定等级	评定条件
优良	（1）分项检查评分表无零分； （2）汇总表得分在80分及以上
合格	（1）分项检查评分表无零分； （2）汇总表得分在80分以下，70分及以上
不合格	汇总表得分不足70分；或当有一项检查评分表为零分时

案例11 2023年二建案例题三

背景资料

某新建办公楼工程，地下1层，地上16层，建筑面积24000m^2，钢筋混凝土框架-剪力墙结构。地上结构混凝土强度等级：柱、墙1~7层C40，8~16层C35；梁、板1~16层C30。

项目部编制了"模板工程专项施工方案"，内容包括：模板面板选用胶合板，支架选用盘扣式支撑架；模板及支架设计内容有选型及构造设计，荷载及其效应计算等。

"混凝土工程专项施工方案"规定：1~7层柱、梁节点处高、低等级混凝土浇筑时，需采取混凝土分隔、浇筑措施，以保证施工符合设计要求；8~16层柱、梁节点处，采用梁、板混凝土强度等级C30进行浇筑，报监理单位同意后实施。

屋面工程设计中：规定了找坡设计排水要求（下表）；确定了找坡层采用轻骨料混凝土；明确了找平层、隔汽层选用的材料。

屋面找坡排水设计要求

序号	找坡形式	坡度（%）
1	结构找坡	不应小于A
2	材料找坡	宜为B
3	天沟纵向找坡	不应小于C
4	沟底水落差	不得超过200mm

项目部根据项目分部工程较复杂的特点，按照材料种类等要素将主体结构分部工程划分为混凝土结构和砌体结构子分部工程。遵照分部工程质量验收合格的规定内容：如有关安全、节能、环境保护和主要使用功能的抽样检测结果符合相关规定等，对主体结构分部工程进行了验收。

问题1 模板面板的种类除胶合板外还有哪些？补充模板及支架设计的主要内容。

【答案】1. 模板面板的种类还有：钢模板、铝合金模板、木模板、塑料模板、竹胶合板、预制板。

2. 模板及支架设计的主要内容还有：
（1）承载力、刚度验算。
（2）抗倾覆验算。
（3）绘制模板及支架施工图。

问题 2 写出 1~7 层柱、梁节点应采取的混凝土分隔、浇筑措施。8~16 层柱、梁节点混凝土浇筑方案需经监理单位同意是否妥当？为什么？

【答案】（1）1~7 层柱、梁节点。

分隔措施：分隔位置在低强度等级构件中，距高强度等级构件边缘不应小于 500mm。

浇筑措施：先浇筑柱混凝土，后浇筑梁板混凝土。

（2）监理单位同意：不妥当。

理由：应经设计单位同意。

知识点引申

依据《混凝土结构工程施工规范》GB 50666—2011

8.3.8 柱、墙混凝土设计强度等级高于梁、板混凝土设计强度等级时，混凝土浇筑应符合下列规定：

（1）柱、墙混凝土设计强度比梁、板混凝土设计强度高一个等级时，柱、墙位置梁、板高度范围内的混凝土经设计单位确认，可采用与梁、板混凝土设计强度等级相同的混凝土进行浇筑。

（2）柱、墙混凝土设计强度比梁、板混凝土设计强度高两个等级及以上时，应在交界区域采取分隔措施。分隔位置应在低强度等级的构件中，且距高强度等级构件边缘不应小于 500mm。

（3）宜先浇筑强度等级高的混凝土，后浇筑强度等级低的混凝土。

问题 3 写出表中 A、B、C 的坡度要求。分别写出屋面找平层、隔汽层可选用的材料。

【答案】（1）坡度要求。

A：3 B：2 C：1

（2）材料。

找平层：水泥砂浆、细石混凝土。

隔汽层：卷材、涂料。

知识点引申

依据《屋面工程质量验收规范》GB 50207—2012
第 4 部分 基层与保护工程

（1）屋面找坡应满足设计排水坡度要求，结构找坡不应小于 3%，材料找坡宜为 2%；檐沟、天沟纵向找坡不应小于 1%，沟底水落差不得超过 200mm。

（2）找坡层宜采用轻骨料混凝土，找平层宜采用水泥砂浆或细石混凝土。找平层分格缝纵横间距不宜大于6m，分格缝的宽度宜为5~20mm。

（3）隔汽层应设置在结构层与保温层之间，基层应平整、干净、干燥；隔汽层采用卷材时宜空铺，卷材搭接缝应满粘，其搭接宽度不应小于80mm；采用涂料时，应涂刷均匀。

（4）保护层与卷材、涂膜防水层之间，应设置隔离层。隔离层可采用干铺塑料膜、土工布、卷材或铺抹低强度等级砂浆。

问题4 将分部工程划分若干子分部工程的要素，除材料种类外还有哪些？补充分部工程质量验收合格规定的内容。

【答案】1. 划分要素还有：
（1）施工特点。
（2）施工程序。
（3）专业系统及类别。
2. 合格规定还有：
（1）所含分项工程的质量均应验收合格。
（2）质量控制资料应完整。
（3）观感质量应符合要求。

案例12　2023年二建案例题四

背景资料

某国有资金投资的工程项目，采用工程量清单公开招标，规定了最高限价，要求工程量清单的项目编码等内容必须与招标人提供的内容保持一致，合同工期190d。招标人使用《建设工程施工合同（示范文本）》时，对认为不适用本项目的通用条款进行了删减。竣工结算约定：风险费用包含在综合单价中，全部风险由施工单位承担；工程量按实结算，但竣工结算价款总额不得高于招标最高限价。

投标人A等8家单位参加了投标。投标人A针对2万m^2的模板工程提出了两种可行方案，依据价值工程（$V=F/C$）进行比选。方案一的成本为146万元，功能系数为0.54，方案二的成本为139万元，功能系数为0.46。投标人F在投标报价中降低了部分清单项目的综合单价和措施项目费中的二次搬运费，将招标清单中材料暂估价下调了8%。

工程在安装调试阶段，由于雷电发生火灾。火灾结束后48h内，施工单位向项目监理单位通报了火灾损失情况：工程本体损失110万元，总价值210万元的待安装设备报废，施工单位烧伤人员医疗费及补偿费60万元，租赁施工设备损坏赔偿费25万元，其他单位停放在现场价值16万元的汽车被烧毁。另外，工程因火灾停工5d，造成施工单位施工机械闲置损失费 2 万元，事故现场保卫人员费用支出 2 万元，工程清理、修复费用约 200 万元。监理单位审核属实后上报了建设单位。

问题 1 指出招标人在招投标过程中的不妥之处，并分别说明理由。

【答案】不妥 1：对《建设工程施工合同（示范文本）》通用条款进行删减。
理由：应不加修改地引用通用条款。
不妥 2：全部风险由施工单位承担。
理由：按照甲、乙双方合同约定承担风险。
不妥 3：竣工结算价不得高于最高投标限价。
理由：采用单价合同，工程量按实结算。

问题 2 根据价值工程列式计算投标人 A 应采用的模板方案。（计算过程和结果均保留两位小数）

【答案】（1）成本系数：
$C_1 = 146 \div (146+139) = 0.51$
$C_2 = 139 \div (146+139) = 0.49$
（2）价值系数：
$V_1 = 0.54 \div 0.51 = 1.06$
$V_2 = 0.46 \div 0.49 = 0.94$
（3）因为 $V_1 > V_2$，所以选择方案一。

知识点引申

应用价值工程进行分析时，应注意：
（1）若是多个方案比选，应选择价值系数最大的方案。
（2）若是选择降低成本的对象，应选择价值系数最小的对象。

问题 3 指出投标人 F 的做法不妥之处，并说明理由。投标人填报的工程量清单中的哪些内容需要与招标文件保持一致？

【答案】（1）投标人 F 的不妥之处：投标时将招标清单中材料暂估价下调 8%。
理由：暂估价应与招标人提供的文件保持一致。
（2）需与招标文件保持一致的有：工程量清单的项目编码、项目名称、项目特征、计量单位、工程量。

知识点引申

投标工程量清单

（1）按清单填报价格，填写的项目编码、项目名称、项目特征、计量单位和工程量必

须与招标人提供的一致。（五统一）

（2）投标总价应当与分部分项工程费、措施项目费、其他项目费、规费和税金的合计金额一致。（投标总价＝分＋措＋其＋规＋税）

（3）投标报价时，措施费自主确定，但安全文明施工费应按照不低于国家或省级、行业建设主管部门规定标准的90%计价。

（4）暂列金额应按招标人在其他项目清单中列出的金额填写；材料暂估价应按招标人在其他项目清单中列出的单价计入综合单价；专业工程暂估价应按招标人在其他项目清单中列出的金额填写。

（5）投标时不得做竞争性费用：安全文明施工费、规费和税金。

问题4 分别写出建设单位和施工单位应承担的火灾损失费用。（不考虑保险因素）

【答案】1. 建设单位承担的费用损失：
（1）工程本体损失110万元。
（2）待安装设备报废损失210万元。
（3）汽车烧毁损失16万元。
（4）保卫人员费用支出2万元。
（5）工程清理、修复费用200万元。
2. 施工单位承担的费用损失：
（1）人员医疗费及补偿费60万元。
（2）租赁施工设备损坏赔偿费25万元。
（3）施工机械闲置损失费2万元。

案例13 2022年二建案例题一（有改动和删减）

背景资料

某新建住宅工程，地上18层，首层为非标准层，结构现浇，工期8d。2~18层为标准层，采用装配式结构体系。其中，墙体以预制墙板为主，楼板以预制叠合板为主。所有构件通过塔吊吊装。

经验收合格的预制构件按计划要求分批进场，构件生产单位向施工单位提供了相关质量证明文件。

某A型预制叠合板，进场后在指定区域按不超过6层码放。最下层直接放在通长型钢支垫上，其他层与层之间使用垫木。垫木距板端300mm，间距1800mm。

预制叠合板安装工艺包含：①测量放线；②支撑架体搭设；③叠合板起吊；④位置、标高确认；⑤叠合板落位；⑥支撑架体调节；⑦摘钩。

存放区靠放于专用支架的某 B 型预制外墙板，与地面倾斜角度为 60°。即将起吊时突遇 6 级大风及大雨，施工人员立即停止作业，塔吊吊钩仍挂在外墙板预埋吊环上。风雨过后，施工人员直接将该预制外墙板吊至所在楼层，利用外轮廓线控制就位后，设置 2 道可调斜撑临时固定。

问题 1 预制构件进场时，构件生产单位提供的质量证明文件包含哪些内容？

【答案】（1）出厂合格证。
（2）混凝土强度检验报告。
（3）钢筋套筒等其他构件钢筋连接类型的工艺检验报告。
（4）合同要求的其他质量证明文件。

问题 2 针对 A 型预制叠合板码放的不妥之处，写出正确做法。

【答案】正确做法 1：型钢与叠合板之间宜设置柔性衬垫保护。
正确做法 2：垫木间距应不大于 1600mm。

知识点引申

预制构件存放

（1）预制墙板：采用插放或靠放的方式，当采用靠放方式时，预制外墙板对称靠放，饰面朝外，与地面倾斜角度不宜小于 80°。

（2）预制水平构件：可采用叠放方式，各层支垫上下对齐，垫木距板端部 >200mm，且间距 ≤1600mm。预制构件与支架或地面之间宜设置柔性衬垫保护。

问题 3 根据背景资料，写出预制叠合板安装的正确顺序。（用序号表示，示例如①②③④⑤⑥⑦）

【答案】①②⑥③⑤④⑦

知识点引申

预制构件安装工艺流程

（1）竖向构件安装（预制柱、剪力墙板）：基层处理→测量放线→预制柱（墙板）起吊→下层竖向钢筋对孔→预制柱（墙板）就位→安装临时支撑→预制柱位置、标高调整（预制墙板校正）→临时支撑固定→摘钩→堵缝、灌浆。

（2）水平构件安装（预制梁、叠合板）：测量放线→支撑架体搭设→支撑架体调节→预制梁（叠合板）起吊→预制梁（叠合板）落位→位置、标高确认→摘钩。

问题 4 针对 B 型预制外墙板在靠放和吊装过程中的不妥之处，写出正确做法。

【答案】正确做法 1：墙板与地面倾斜角度不宜小于 80°。

正确做法 2：停止作业塔吊应解钩，将吊钩升起。

正确做法 3：大雨过后应先试吊，确认制动器灵敏可靠方可起吊。

正确做法 4：预制外墙板应以轴线和外轮廓线双控制。

塔吊试吊

（1）恶劣天气：遇 12m/s（6 级）及以上大风、大雨、大雪、大雾等恶劣天气，停止作业，升起吊钩。雨雪过后，先试吊，确认制动器灵敏可靠后方可作业。

（2）荷载较大：在起吊荷载达到塔吊额定起重量的 90% 及以上时，应先将重物吊离地面 200~500mm，然后进行机械状况、制动性能、物件绑扎情况等检查，确认安全后方可继续起吊。对有晃动的物件，必须拉溜绳使之稳定。

案例 14　2022 年二建案例题二（有改动和删减）

背景资料

甲公司投资建造一座太阳能电池厂，工程包括：1 个厂房及附属设施、1 栋办公楼、2 栋宿舍楼。甲公司按工程量清单计价规范进行了公开招标，乙公司中标，合同价 2800 万元。

双方合同约定，甲公司按合同价的 10% 向乙公司支付工程预付款，乙公司向甲公司提供预付款保函。

乙公司在施工过程中由于资金困难，自行决定将 2 栋宿舍楼全部交给具有相应施工资质的丙公司施工，仅收取 10% 的管理费。

甲公司与乙公司合同约定竣工时间为 2021 年 5 月 20 日，每延期竣工 1d，乙公司向甲公司支付 2 万元的工期违约金。2021 年 5 月 20 日工程竣工验收时，发现宿舍楼存在质量问题，需要修复后才能使用，因工程修复于 2021 年 6 月 20 日通过了甲公司组织的竣工验收。

问题 1 甲公司工程量清单中，其他项目清单包括哪几项？

【答案】其他项目清单包括：暂列金额、暂估价、计日工、总承包服务费。

问题 2 乙公司向甲公司提供的预付款保函额度是多少万元？

【答案】预付款保函额度：2800×10% = 280 万元

> **知识点引申**

预付款担保

承包人应在收到预付款的同时向发包人提交预付款保函，预付款保函的担保金额应与预付款金额相同。保函的担保金额可根据预付款扣回的金额相应递减。

问题 3 乙公司与丙公司做法属于什么行为？说明理由。

【答案】（1）乙公司行为属于违法分包。
理由：施工合同中没有约定，又未经建设单位认可，施工单位将其承包部分工程交由其他施工单位施工的属于违法分包。
（2）乙公司行为属于违法转包。
理由：施工总承包单位或专业承包单位不履行管理义务，只向实际施工单位收取费用，主要建筑材料、构配件及工程设备的采购由其他单位或个人实施的属于违法转包。

问题 4 工程竣工工期延误违约金是多少？

【答案】31d×2 万元/d＝62 万元

案例 15　2022 年二建案例题三

背景资料

施工单位中标承建某商业办公楼工程，建筑面积 24000m^2，地下 1 层，地上 6 层，钢筋混凝土现浇框架结构，钢筋混凝土筏板基础。主体结构混凝土强度等级 C30，主要受力钢筋采用 HRB400 级，设计要求直径≥20mm 的主要受力钢筋连接采用机械连接。

中标后，施工单位根据招标文件、施工合同以及本单位的要求，确定了工程的管理目标、施工顺序、施工方法和主要资源配置计划。施工单位项目负责人主持，项目经理部全体管理人员参加，编制了单位工程施工组织设计，由项目技术负责人审核，项目负责人审批。施工单位向监理单位报送该单位工程施工组织设计，监理单位认为该单位工程施工组织设计中只明确了质量、安全、进度三项管理目标，管理目标不全面，要求补充。

主体结构施工时，直径≥20mm 的主要受力钢筋按设计要求采用了钢筋机械连接，取样时，施工单位试验员在钢筋加工棚制作了钢筋机械连接抽样检验接头试件。

工程进入装饰装修施工阶段后，施工单位编制了如下图的装饰装修阶段施工进度计划网络图（时间单位：d）并经总监理工程师和建设单位批准。施工过程中，C 工作因故延迟开工 8d。

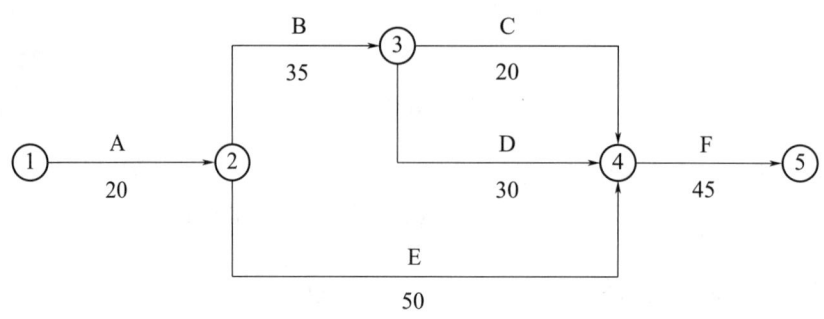

装饰装修阶段施工进度计划网络图

问题 1 指出施工单位单位工程施工组织设计编制与审批管理的不妥之处，写出正确做法。

【答案】不妥1：项目技术负责人审核。

正确做法：施工单位主管部门审核。

不妥2：项目负责人审批。

正确做法：施工单位技术负责人或其授权的技术人员审批。

知识点引申

单位工程施工组织设计

（1）编制：项目负责人主持，项目部全体管理人员参加。

（2）审核审批：施工单位主管部门审核，单位技术负责人或授权技术员审批。

（3）交底：工程开工前，由施工单位项目负责人组织，对项目部全体管理人员及主要分包单位逐级交底。

问题 2 根据监理单位的要求，还应补充哪些管理目标？（至少写4项）

【答案】还应补充：成本、环保、节能、绿色施工等管理目标。

知识点引申

施工部署

施工部署
(1) 工程目标：质量、进度、成本、安全、环保及节能、绿色施工等管理目标
(2) 重难点分析
(3) 工程管理的组织
(4) 进度安排和空间组织
(5) 四新技术：新技术、新工艺、新材料、新设备
(6) 资源配置计划
(7) 项目管理总体安排

问题 3 指出主体结构施工时存在的不妥之处，写出正确做法。

【答案】不妥：试验员在钢筋加工棚制作试件。
正确做法：应从工程实体中截取试件。

> 知识点引申

依据《混凝土结构工程施工质量验收规范》GB 50204—2015

5.4.2 钢筋采用机械连接或焊接连接时，钢筋机械连接接头、焊接接头的力学性能、弯曲性能应符合国家现行有关标准的规定。接头试件应从工程实体中截取。

5.4.3 钢筋采用机械连接时，螺纹接头应检验拧紧扭矩值，挤压接头应量测压痕直径。

问题 4 写出施工进度计划网络图中 C 工作的总时差和自由时差。

【答案】C 工作的总时差 10d、自由时差 10d。

问题 5 C 工作因故延迟后，是否影响总工期，说明理由。写出 C 工作延迟后的总工期。

【答案】（1）不影响总工期。
理由：C 工作不是关键工作，延迟开工 8d 少于 C 工作总时差 10d。
（2）总工期：130d。

案例 16　2022 年二建案例题四（有删减）

背景资料

某体能训练场馆工程，建筑面积 3300m²，建筑物长 72m，宽 45m，地上 1 层，钢筋混凝土框架结构，屋面采用球形网架结构。框架柱、梁均沿建筑物四周设置，框架柱轴线间距 9000mm，框架梁截面尺寸 450mm×900mm，梁底标高 9.6m。现场配置一部塔吊和一台汽车吊进行材料的水平与垂直运输。

本工程框架梁模板支撑体系高度 9.6m，属于超过一定规模危险性较大的分部分项工程。施工单位编制了超过一定规模危险性较大的模板工程专项施工方案。

建设单位组织召开了超过一定规模危险性较大的模板工程专项施工方案专家论证会，设计单位项目技术负责人以专家身份参会。

施工方案中，采用扣件式钢管支撑体系，框架梁模板支撑架立杆下垫设页岩砖；扫地杆距地面 250mm；架体顶层步距 1500mm；梁底支撑架立杆均采用下部一根 6m 定尺钢管与上部一根定尺短钢管搭接连接。

项目部针对工程特点，进行了重大危险源的辨识，编制了专项应急救援预案。

项目部编制了绿色施工方案，确定了"四节一环保"的目标和措施。

问题1 对于模板支撑工程，除搭设高度超过 **8m** 及以上外，还有哪几项属于超过一定规模危险性较大分部分项工程范围？

【答案】（1）搭设跨度 18m 及以上。
（2）施工总荷载（设计值）15kN/m² 及以上。
（3）集中线荷载（设计值）20kN/m 及以上。

知识点引申

	危大工程	超危大工程
基坑工程 （支护、降水、开挖）	开挖深度≥3m 或未超 3m，但……	开挖深度≥5m
模板工程	滑模、爬模、飞模、隧道模	
混凝土模板支撑工程	（1）搭设高度≥5m。 （2）搭设跨度≥10m。 （3）面荷载≥10kN/m²。 （4）线荷载≥15kN/m	（1）搭设高度≥8m。 （2）搭设跨度≥18m。 （3）面荷载≥15kN/m²。 （4）线荷载≥20kN/m
起重吊装工程	单件起吊 10kN 及以上（非常规）	单件起吊 100kN 及以上（非常规）
起重机械 安装拆卸工程	（1）采用起重机械进行安装的工程。 （2）起重机械设备自身安装、拆卸	（1）起重量 300kN 及以上的起重机械安装、拆除。 （2）搭设总高度（基础标高）200m 及以上的起重机械安装、拆除
脚手架工程	（1）落地式钢管脚手架 h≥24m。 （2）其他脚手架（附着、悬挑、吊篮、平台）	（1）落地式钢管脚手架 h≥50m。 （2）附着式脚手架（平台）提升高度 h≥150m。 （3）悬挑式脚手架分段架体搭设 h≥20m
拆除、爆破工程	影响人员、设施安全的拆除工程	文物保护建筑、优秀历史建筑的拆除工程
其他	（1）建筑幕墙安装工程。 （2）钢结构工程。 （3）人工挖扩孔桩。 （4）水下作业工程。 （5）"四新"工程。 （6）装配式建筑安装工程	（1）幕墙安装工程高度≥50m。 （2）钢结构安装工程跨度≥36m。 （3）人工挖扩孔桩工程深度≥16m。 （4）水下作业工程。 （5）"四新"工程

备注：非常规起重设备、方法是指采用自制起重设备设施进行起重作业；2 台（或以上）起重设备联合作业；流动式起重机带载行走；采用滑排、滑轨、滚杠、地牛等措施进行水平位移；采用绞磨、卷扬机、葫芦或液压千斤顶等方式进行提升；人力起重工程。

问题 2 指出专家论证会组织形式的错误之处,说明理由。

【答案】不妥 1:建设单位组织召开专家论证会。
理由:应由施工单位组织召开专家论证会。
不妥 2:设计单位项目技术负责人以专家身份参会。
理由:与本工程有利害关系的人员不得以专家身份参会。

知识点引申

危大工程专项施工方案

依据《危险性较大的分部分项工程安全管理规定》(住房城乡建设部令第 37 号)及建办质〔2018〕31 号文:

1. 危大工程专项施工方案的主要内容包括:
(1) 工程概况。
(2) 编制依据。
(3) 施工计划。
(4) 施工工艺技术。
(5) 施工安全保证措施。
(6) 施工管理及作业人员配备和分工。
(7) 验收要求。
(8) 应急处置措施。
(9) 计算书及相关施工图纸。

2. 超过一定规模的危大工程专项施工方案专家论证会参会人员包括:
(1) 专家。
(2) 建设单位项目负责人。
(3) 勘察、设计单位项目技术负责人及相关人员。
(4) 总承包单位和分包单位技术负责人或授权委派的专业技术人员、项目负责人、项目技术负责人、专项施工方案编制人员、项目专职安全生产管理人员及相关人员。
(5) 监理单位项目总监理工程师及专业监理工程师。

3. 专家论证内容包括:
(1) 专项方案内容是否完整、可行。
(2) 专项方案计算书和验算依据、施工图是否符合有关标准规范。
(3) 专项施工方案是否满足现场实际情况,并能够确保施工安全。

4. 专家论证会后,形成论证报告,对专项施工方案提出通过、修改后通过或者不通过的一致意见。专家对论证报告负责并签字确认。
(1) 论证报告意见为"修改后通过",施工单位应当根据论证报告修改完善后,重新履行审批程序后方可实施,修改情况应及时告知专家。
(2) 论证报告意见为"不通过",施工单位修改后重新组织专家论证。

5. 危大工程监测方案：进行第三方监测的危大工程监测方案的主要内容应当包括工程概况、监测依据、监测内容、监测方法、人员及设备、测点布置与保护、监测频次、预警标准及监测成果报送等。

问题 3 针对施工方案的错误之处写出模板支撑架搭设的正确做法。

【答案】（1）支撑架立杆底部应设置木垫板，禁止使用砖及脆性材料铺垫。
（2）支撑架扫地杆距底座上皮不大于 200mm。
（3）立柱接长严禁搭接。
（4）相邻两立柱的对接接头不得在同步内，且对接接头竖向错开的距离不宜小于 500mm。

知识点引申

扣件式钢管作为高大模板支架立杆的规定
依据《混凝土结构工程施工规范》GB 50666—2011 中的 4.4.8 条

（1）立杆上每步设置双向水平杆，与立杆扣接。
（2）立柱接长严禁搭接，必须对接。相邻立柱对接接头不能在同步内，沿竖向错开 ≥500mm。

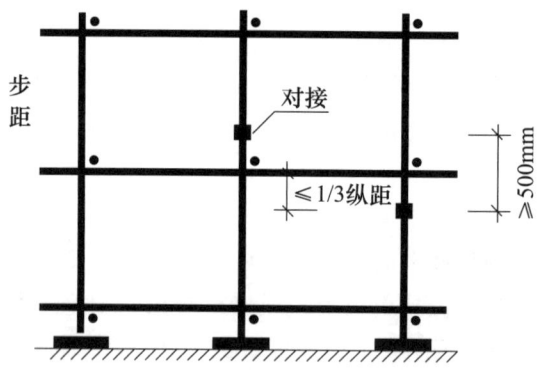

（3）立杆底部应设置木垫板，禁止使用砖及脆性材料铺垫。
（4）满堂脚手架的可调底座、可调托撑螺杆伸出长度不宜超过 300mm，插入立杆内的长度不得小于 150mm。可调托座伸出顶层水平杆的悬臂长度不应大于 500mm。
注：采用碗扣式、盘扣式或盘销式钢管架作模板支架时，可调托座伸出顶层水平杆的悬臂长度不应大于 650mm。
（5）立杆步距≤1.8m，顶层立杆步距≤1.5m。立杆纵横间距不应大于 1.2m。
注：一般模板支架，立杆步距≤2m，立杆纵横间距≤1.5m。
（6）立杆垂直度偏差不宜大于 5/1000，且不应大于 100mm。上下楼层模板支架的竖杆宜对准。

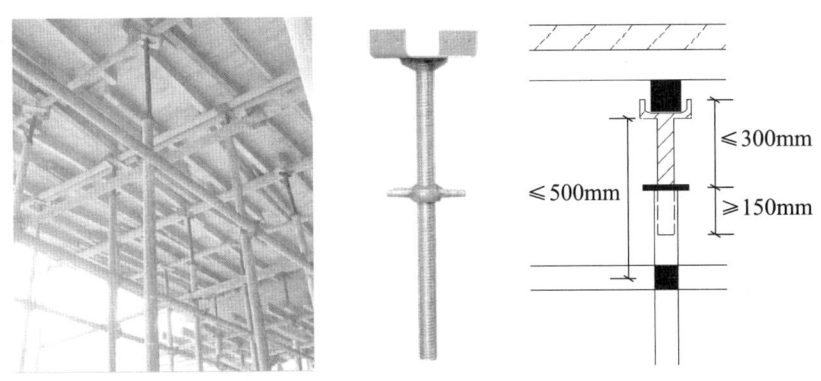

顶托（可调托撑）示意图

问题 4 根据重大危险源辨识，本工程专项应急救援预案中包括哪几项主要内容？

【答案】（1）防触电；
（2）防坍塌；
（3）防高处坠落；
（4）防起重及机械伤害；
（5）防火灾；
（6）防物体打击。

问题 5 在绿色施工方案中，"四节一环保"的内容是什么？

【答案】节能、节材、节水、节地、环境保护。

案例 17 2021 年二建案例题一

背景资料

某新建职业技术学校工程，由教学楼、实验楼、办公楼及 3 栋相同的公寓楼组成，均为钢筋混凝土现浇框架结构，合同中有创省优质工程的目标。

施工单位中标进场后，项目部项目经理组织编制施工组织设计。施工部署作为施工组织设计的纲领性内容，项目经理重点对"重点和难点分析""四新技术应用"等方面进行详细安排，要求为工程创优策划打好基础。

施工组织设计中，针对 3 栋公寓楼组织流水施工，各工序流水节拍参数见下表。

流水节拍参数表

工序编号	施工过程	流水节拍（周）	与前序工序的关系（搭接/间隔）及时间
①	土方开挖与基础	3	
②	地上结构	5	A，B
③	砌筑与安装	5	C，D
④	装饰装修及收尾	4	

绘制流水施工横道图如图 1 所示，核定公寓楼流水施工工期满足整体工期要求。

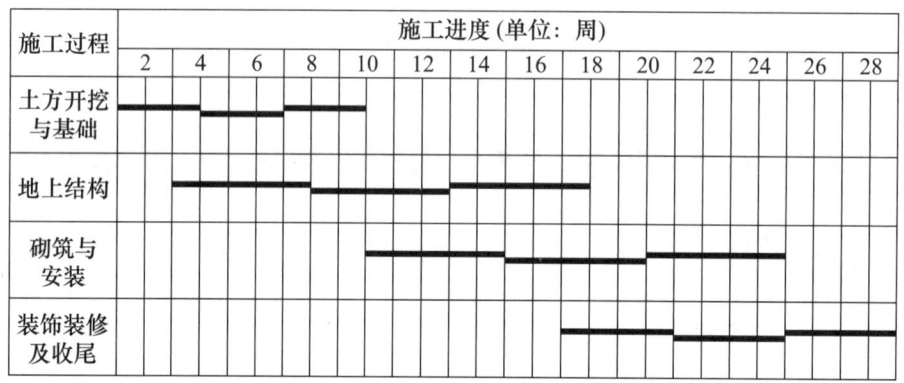

图 1　流水施工横道图

办公楼后浇带施工方案的主要内容有：以后浇带为界，用快易收口网进行分隔；含后浇带区域整体搭设统一的模板支架，后浇带两侧混凝土浇筑完毕达到拆模条件后，及时拆除支撑架体实现快速周转；预留后浇带部位上覆多层板防护防止垃圾进入；待后浇带两侧混凝土龄期均达到设计要求的 60d 后，重新支设后浇带部位（两侧各延长一跨立杆）底模与支撑，浇筑混凝土，并按规范要求进行养护。监理工程师认为方案存在错误，且后浇带混凝土浇筑与养护描述不够具体，要求施工单位修改完善后重新报批。

外墙保温采用 EPS 板薄抹灰系统，由 EPS 板、耐碱玻纤网布、胶粘剂、薄抹灰面层、饰面涂层等组成，其构造图如图 2 所示。

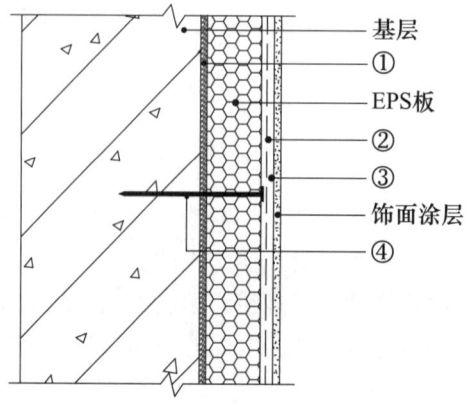

图 2　EPS 板薄抹灰构造图

问题1 除背景材料中提及的"重点和难点分析""四新技术应用"外,施工部署的主要内容还有哪些?

【答案】主要内容还有:工程目标、工程管理的组织、进度安排和空间组织、资源配置计划、项目管理总体安排。

问题2 写出流水节拍参数表中:A、C对应的工序关系,B、D对应的时间。

【答案】A:搭接。

B:1周。

C:间隔。

D:2周。

【解析】(1)根据流水节拍参数表计算出"土方开挖与基础""地上结构"之间的流水步距 $K_{①-②}=3$ 周,而流水施工横道图上得知这两个工序开始时间是间隔2周,故得出搭接1周的结论。

(2)根据流水节拍参数表计算出"地上结构""砌筑与安装"之间的流水步距 $K_{②-③}=5$ 周,而流水施工横道图上得知这两个工序开始时间是间隔7周,故得出间隔2周的结论。

问题3 指出办公楼后浇带施工方案中的错误之处。后浇带混凝土浇筑及养护的主要措施有哪些?

【答案】(1)错误之处:后浇带底模及支撑拆除后重新支设。

(2)后浇带混凝土浇筑及养护的主要措施:

① 清除水泥薄膜(松动石子/软弱混凝土层)。

② 充分湿润(不得有积水)。

③ 冲洗干净。

④ 先在施工缝处涂刷一层水泥浆(或界面剂)。

⑤ 采用微膨胀混凝土。

⑥ 强度等级比原结构强度提高一级。

⑦ 细致捣实混凝土(新旧混凝土紧密结合)。

⑧ 保持至少14d的湿润养护。

问题4 分别写出图2中数字代号所示各构造做法的名称。

【答案】① 胶粘剂。

② 耐碱玻纤网布。

③ 薄抹灰面层。

④ 锚栓。

案例 18 2021年二建案例题二和三（改动大）

背景资料

某新建住宅工程，建筑面积 1.5 万 m²，地下 2 层，地上 11 层。钢筋混凝土剪力墙结构，室内填充墙体采用蒸压加气混凝土砌块，水泥砂浆砌筑。室内卫生间采用聚氨酯防水涂料，水泥砂浆粘贴花岗石板材。

基础底板混凝土量较大，项目部决定组织夜间施工，因事先准备不足，施工过程中被附近居民投诉，后经协调取得了大家谅解。

监理工程师审查"填充墙砌体施工方案"时，指出以下错误内容：砌块使用时，产品龄期不小于 14d；砌筑砂浆可现场人工搅拌；砌块使用时提前 2d 浇水湿润；卫生间墙体底部用灰砂砖砌 200mm 高坎台；填充墙砌筑可通缝搭砌；填充墙与主体结构连接钢筋采用化学植筋方式，进行外观检查验收。要求改正后再报。

地下室管道安装时，一名工人站在 2.2m 高移动平台上作业，另一名工人在地面协助其工作，安全完成了工作任务。

卫生间装修施工中，记录有以下事项：陶瓷饰面板进场时检查放射性限量检测报告合格；地面饰面板与水泥砂浆结合层分段先后铺设；防水层、设备与饰面板层施工完成后，一并进行一次蓄水、淋水试验。

该住宅工程竣工验收前，按照规定对室内环境污染物浓度进行了检测，部分检测项及数值如下：

序号	检测项	浓度值（mg/m³）
1	甲醛	0.08
2	甲苯	0.12
3	二甲苯	0.20
4	TVOC	0.40

问题1 写出夜间施工规定的时间区段和噪声排放最大值。夜间施工前应做哪些具体准备工作？

【答案】（1）时间区段：当日 22 时至次日 6 时。

（2）噪声排放最大值为 55dB（A）。

（3）具体准备工作如下：

① 办理夜间施工许可证。

② 和社区居委会取得联系（沟通）。

③ 公告（通知）附近社区居民。

④ 发放扰民补偿费用。

问题 2 逐项改正填充墙砌体施工方案中的错误之处。

【答案】(1) 产品龄期不小于 28d。
(2) 砌筑砂浆应机械搅拌。
(3) 砌块使用时当天浇水湿润。
(4) 砌体底部用混凝土浇筑坎台,高度宜为 150mm。
(5) 砌筑填充墙应错缝搭砌。
(6) 化学植筋连接应进行实体检测(拉拔试验)。

知识点引申

依据《砌体结构工程施工质量验收规范》GB 50203—2011
第 9 部分 填充墙砌体工程

(1) 轻骨料混凝土小型空心砌块和蒸压加气混凝土砌块产品龄期不得少于 28d。
(2) 堆置高度不宜超过 2m;蒸压加气混凝土砌块在运输及堆放中应防止雨淋。
(3) 普通砂浆砌筑填充墙时,烧结空心砖、吸水率较大的轻骨料混凝土小型空心砌块提前 1~2d 浇水湿润;蒸压加气混凝土砌块采用专用砂浆或普通砂浆砌筑时,应在砌筑当天对砌块砌筑面浇水湿润。
(4) 在厨房、卫生间、浴室等处砌筑填充墙时,底部宜现浇混凝土坎台,高度宜为 150mm。
(5) 填充墙顶部与承重主体结构之间的空隙部位,应在填充墙砌筑 14d 后进行砌筑。(即梁底部最后三皮砖)
(6) 当填充墙与承重墙、柱、梁的连接钢筋采用化学植筋时,应进行实体检测。
检验方法为原位试验(拉拔试验)。

问题 3 在该高度移动平台上作业是否属于高处作业?高处作业分为几个等级?操作人员必备的个人安全防护用具、用品有哪些?

【答案】(1) 属于高处作业。
(2) 高处作业分为四个等级。
(3) 必备的个人安全防护用具、用品有:安全帽、安全带、防滑鞋等。

知识点引申

高处作业分级

高处作业是指凡在坠落高度基准面 2m 及以上有可能坠落的高处进行的作业。

分级	作业高度 h	坠落半径（m）
一级	2≤h≤5	2
二级	5<h≤15	3
三级	15<h≤30	4
四级	h>30	5

问题4 指出卫生间施工记录中的不妥之处，写出正确做法。

【答案】不妥1：饰面板与结合层分段先后铺设。

正确做法：分段同时铺设。

不妥2：防水层、设备与饰面板层一并进行蓄水、淋水试验。

正确做法：防水层施工完成后应做第一次蓄水试验，设备与饰面板施工完成后做第二次蓄水试验。

知识点引申

室内防水施工质量控制

（1）应建立各道工序的自检、交接检和专职人员检查的三检制度。

（2）穿楼板管道应设置止水套管，套管直径应比管道大1~2级标准；套管高度应高出装饰地面不小于20mm；套管与管道间用阻燃密封材料填实。

（3）淋浴区墙面防水层翻起高度不应小于2000mm，且不低于淋浴喷淋口高度。盥洗池盆等用水处墙面防水层翻起高度不应小于1200mm。墙面其他部位泛水翻起高度不应小于250mm。

（4）地漏四周应设置加强防水层，加强层宽度不应小于150mm。

（5）防水施工完毕后的楼地面向地漏处的排水坡度不宜小于1%。

（6）防水层施工完后，应进行蓄水、淋水试验，观察无渗漏现象后交于下道工序。设备与饰面层施工完毕后还应进行第二次蓄水试验，达到最终无渗漏和排水畅通为合格，方可进行正式验收。

（7）楼地面防水层蓄水高度最浅处蓄水深度不应小于25mm。地面和水池的蓄水试验均不应小于24h，墙面间歇淋水试验达到30min以上进行检验不渗漏。

板块面层铺设

（1）铺设板块面层时，其水泥类基层的抗压强度不得小于1.2MPa。

（2）铺设水泥混凝土板块、水磨石板块、人造石板块、陶瓷锦砖、陶瓷地砖、缸砖、水泥花砖、料石、大理石、花岗石等面层的结合层和填缝材料采用水泥砂浆时，在面层铺设后，表面应覆盖、湿润，养护时间不少于7d。

(3)板块类踢脚线施工时,不得采用混合砂浆打底。

(4)铺设大理石、花岗石面层前,板材应浸湿、晾干;结合层与板材应分段同时铺设。

问题5 根据控制室内环境污染的不同要求,该建筑属于几类民用建筑工程?表中符合规范要求的检测项有哪些?还应检测哪些项目?

【答案】(1)属于Ⅰ类民用建筑工程。

(2)符合规定要求的检测项有:甲苯、二甲苯、TVOC。

(3)还应检测的项目有:氡、苯、氨。

知识点引申

民用建筑分类

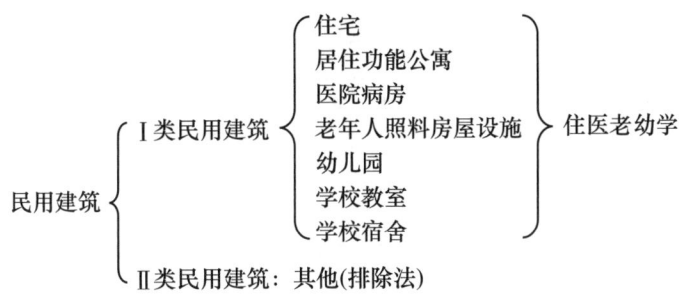

室内环境污染物浓度限量

污染物	单位	Ⅰ类民用建筑	Ⅱ类民用建筑
氡	Bq/m³	≤150	
甲醛	mg/m³	≤0.07	≤0.08
氨		≤0.15	≤0.20
苯		≤0.06	≤0.09
甲苯		≤0.15	≤0.20
二甲苯		≤0.2	
TVOC		≤0.45	≤0.50

案例 19 2020 年二建案例题一（改动大）

背景资料

某新建住宅楼，框剪结构，地下 2 层，地上 18 层，建筑面积 2.5 万 m^2。甲公司总承包施工。

复工前，项目部盘点工作内容，结合该住宅楼 3 个单元相同的特点，依据原有施工进度计划，按照分析检查结果、确定调整对象等调整步骤，调整施工进度计划。同时，针对某分部工程制定流水节拍（表1），就施工过程Ⅰ～Ⅳ组织 4 个施工班组流水施工，其中施工过程Ⅲ因工艺要求需待施工过程Ⅱ完成后 2d 方可进行。

表 1 某分部工程流水节拍表

施工过程编号	施工过程	流水节拍（d）
①	Ⅰ	2
②	Ⅱ	6
③	Ⅲ	4
④	Ⅳ	2

项目部质量月活动中，组织了现浇构件拆模管理（表2）等知识竞赛活动，以提高管理人员、操作工人的质量意识和业务技能，减少质量通病的发生。

表 2 现浇混凝土构件底模拆除强度表

序号	构件类型	构件跨度（m）	达到设计的混凝土立方体抗压强度标准值的百分率（%）
1	板	≤2	≥A
2		>2，≤8	≥B
3		>8	≥C
4	梁	≤8	≥D
5		>8	≥E
6	悬臂结构		≥F

问题 1 画出该分部工程施工进度横道图，总工期是多少 d？

【答案】1. 计算流水步距
(1) 同一施工过程累加。

施工过程累加	施工段一	施工段二	施工段三
Ⅰ 累加	2	4	6
Ⅱ 累加	6	12	18
Ⅲ 累加	4	8	12
Ⅳ 累加	2	4	6

（2）错位相减取大。

$$\begin{array}{r} 2 \quad 4 \quad 6 \\ \text{Ⅰ}-\text{Ⅱ} \quad - \quad 6 \quad 12 \quad 18 \\ \hline 2 \quad -2 \quad -6 \quad -18 \end{array}$$

$K_{Ⅰ-Ⅱ} = 2\text{d}$

$$\begin{array}{r} 6 \quad 12 \quad 18 \\ \text{Ⅱ}-\text{Ⅲ} \quad - \quad 4 \quad 8 \quad 12 \\ \hline 6 \quad 8 \quad 10 \quad -12 \end{array}$$

$K_{Ⅱ-Ⅲ} = 10\text{d}$

$$\begin{array}{r} 4 \quad 8 \quad 12 \\ \text{Ⅲ}-\text{Ⅳ} \quad - \quad 2 \quad 4 \quad 6 \\ \hline 4 \quad 6 \quad 8 \quad -6 \end{array}$$

$K_{Ⅲ-Ⅳ} = 8\text{d}$

2. $T = \sum K + \sum t_n + \sum G = (2+10+8) + (2+2+2) + 2 = 28\text{d}$。

3. 绘制横道图如下：

施工过程	施工进度(d)													
	2	4	6	8	10	12	14	16	18	20	22	24	26	28
Ⅰ	━	━	━											
Ⅱ		━	━	━	━	━	━							
Ⅲ								━	━	━	━	━	━	
Ⅳ												━	━	━

问题2 调整施工进度计划的步骤还有哪些？

【答案】（1）选择调整方法。
（2）编制调整方案。
（3）对调整方案评价和决策。
（4）调整。
（5）确定调整后的施工进度计划。

知识点引申

施工进度计划的调整

（1）调整的内容：工程量、起止时间、持续时间、工作关系、资源供应等。

（2）调整的方法：关键工作的调整、改变某些工作间的逻辑关系、剩余工作重新编制进度计划、非关键工作调整、资源调整。

问题3 写出表2中A、B、C、D、E、F对应的数值。（如F：100）

【答案】A：50 B：75 C：100 D：75 E：100 F：100

案例20 2020年二建案例题二（改动大）

背景资料

某新建综合体工程，办公楼部分为钢筋混凝土框架-剪力墙结构，地下1层，地上16层，商业楼为3层钢结构，总建筑面积2.8万 m^2，基础桩为泥浆护壁钻孔灌注桩。

项目部进场后，在泥浆护壁灌注桩钢筋笼作业交底会上，重点强调钢筋笼制作和钢筋笼保护层垫块的注意事项，要求钢筋笼分段制作，分段长度要综合考虑成笼的三个因素。钢筋保护层垫块，每节钢筋笼不少于2组，长度大于12m的中间加设1组，每组块数2块，垫块可自由分布。

现场使用潜水泵抽水过程中，在抽水作业人员将潜水泵倾斜放入水中时，发现泵体根部防水型橡胶电缆老化，并有一处接头断裂，在重新连接处理好后继续使用。下午1时15分，抽水作业人员发现，潜水泵体已陷入污泥，在拉拽出水管时触电，经抢救无效死亡。

在回填土施工前，项目部安排人员编制了回填土专项方案，包括：按设计和规范规定，严格控制回填土方的粒径和含水率，要求在土方回填前做好清除基底垃圾等杂物，按填方高度的5%预留沉降量等内容。

钢构件高强度螺栓连接前，监理工程师提出钢构件的连接摩擦面应保持干燥、清洁，不应有相关缺陷。连接过程中，发现个别部位高强螺栓不能自由穿入，需修整螺栓孔。

问题1 写出灌注桩钢筋笼制作和安装综合考虑的三个因素。指出钢筋笼保护层垫块的设置数量及位置的错误之处并改正。

【答案】（1）三个因素：钢筋笼的整体刚度、材料长度、起重设备的有效高度。

（2）错误之处及正确做法。

错误1：每组钢筋混凝土垫块的块数为2块。

正确做法：每组块数不得小于3块。

错误2：垫块自由分布。

正确做法：每组垫块需均匀分布在同一截面的主筋上。

> 知识点引申

灌注桩钢筋笼

（1）宜分段制作，分段长度视成笼的整体刚度、材料长度、起重设备的有效高度三个因素综合考虑。

（2）加劲箍宜设在主筋外侧，主筋一般不设弯钩。

（3）钢筋笼的内径应比导管接头处外径大100mm以上。

（4）钢筋笼主筋混凝土保护层允许偏差为±20mm，保护层垫块设置数量每节钢筋笼不少于2组，每组块数不得少于3块，均匀分布在同一截面的主筋上。

（5）钢筋笼起吊吊点设在加强箍筋部位。

问题2 写出现场抽水作业人员的错误之处并改正。

【答案】错误1：潜水泵倾斜放入水中。

正确做法：泵体应直立放入水中。

错误2：电缆接头连接处理好后继续使用。

正确做法：电缆不得有接头。

错误3：泵体陷入污泥。

正确做法：泵体不得陷入污泥。

错误4：拉拽出水管。

正确做法：应提拉系绳。

错误5：操作过程中未切断电源。

正确做法：操作时应切断电源。

> 知识点引申

潜水泵

（1）接零保护、漏电保护装置应齐全有效。

（2）电源线应采用防水型橡胶电缆，并不得有接头。

（3）在水中应直立放置，水深不得小于0.5m，泵体不得陷于污泥或露出水面。

（4）放入水中或提出水面时应提拉系绳，禁止拉拽电缆或出水管，并应切断电源。

问题3 土方回填预留沉降量是否正确，并说明理由。土方回填前除清除基底垃圾外，还有哪些清理内容及相关工作？

【答案】（1）预留沉降量：不正确。

理由：应按设计要求预留沉降量，一般不超过填方高度的3%。

（2）还应清除基底的树根等杂物，抽除积水，挖出淤泥，验收基底高程。

知识点引申

土方回填

（1）冬季填方每层铺土厚度应比常温施工时减少20%~25%，预留沉降量比常温时适当增加。

（2）当采用分层回填时，应在下层回填土的压实系数经试验合格后方可上层施工。

问题4 高强度螺栓连接时，钢构件连接摩擦面不得有哪些缺陷？写出高强度螺栓不能自由穿入时修整螺栓孔的工具。

【答案】（1）不得有缺陷：飞边、毛刺、焊接飞溅物、焊疤、氧化铁皮、污垢等。

（2）修整螺栓孔的工具：铰刀、锉刀。

知识点引申

经表面处理后的高强度螺栓连接摩擦面

应符合下列规定：

（1）连接摩擦面应保持干燥、清洁，不应有飞边、毛刺、焊接飞溅物、焊疤、氧化铁皮、污垢等。

（2）经处理后的摩擦面应采取保护措施，不得在摩擦面上做标记。

（3）摩擦面采用生锈处理方法时，安装前应以细铁丝刷垂直于构件受力方向除去摩擦面上的浮锈。

案例21 2020年二建案例题三（有改动）

背景资料

某住宅楼工程，地下2层，地上20层，建筑面积2.5万 m^2，基坑开挖深度7.6m，地上2层以上为装配式混凝土结构，某施工单位中标后组建项目部组织施工。

基坑施工前，施工单位编制了《××工程基坑支护方案》，并组织召开了专家论证会，参建各方项目负责人及施工单位项目技术负责人，生产经理、部分工长参加了会议，会议期间，总监理工程师发现施工单位没有按规定要求的人员参会，要求暂停专家论证会。

预制墙板吊装前，工长对施工班组进行了一字形预制墙板吊装工艺流程交底，内容包括从基层处理、测量放线到摘钩、堵缝、灌浆全过程。

公司相关部门对该项目日常管理检查时发现：进入楼层的临时消防竖管直径75mm，隔层设置一个出水口，平时作为施工用取水点；二级动火作业申请表由工长填写，生产经理审查批准。上述一些问题要求项目部整改。

根据合同要求，工程城建档案归档资料由项目部负责整理后提交建设单位，项目部在整理归档文件时，使用了部分复印件，并对重要的变更部位用红色墨水修改，同时对纸质档案中没有记录的内容在提交的电子文件中给予补充，在档案预验收时，验收单位提出了整改意见。

问题1 施工单位参加专家论证会议人员还应有哪些？

【答案】（1）施工单位技术负责人。
（2）专项方案编制人员。
（3）项目专职安全生产管理人员。

问题2 预制墙板吊装工艺流程还有哪些主要工序？预制剪力墙板还有哪些形式？

【答案】（1）预制墙板吊装工艺流程主要工序还有：预制墙板起吊、下层竖向钢筋对孔、预制墙板就位、安装临时支撑、预制墙板校正、临时支撑固定。
（2）预制剪力墙板形式还有：L形、T形、U形。

问题3 项目日常管理行为有哪些不妥之处？并说明正确做法。

【答案】不妥1：临时消防竖管隔层设置出水口。
正确做法：每层必须设消火栓口。
不妥2：临时消防竖管出水口作为施工用取水点。
正确做法：施工用取水点应单独设置，临时消防竖管必须专用。
不妥3：二级动火作业申请表由工长填写，生产经理审查批准。
正确做法：应由项目责任工程师填写，项目安全管理部门和项目负责人审查批准。

问题4 指出项目部在整理归档文件时的不妥之处，并说明正确做法。

【答案】不妥1：归档文件使用部分复印件。

正确做法：归档的工程文件应为原件。

不妥2：变更部位用红色墨水修改。

正确做法：应采用耐久性强的书写材料修改。

不妥3：纸质档案中没有记录的内容在提交的电子文件中补充。

正确做法：纸质文件和电子文件的内容必须一致。

知识点引申

归档文件的质量要求

（1）归档的工程文件应为原件，内容必须真实、准确，应与工程实际相符合。

（2）电子文件内容必须与其纸质档案一致，应采用开放式文件格式或通用格式进行存储，并应采用电子签名。

（3）文字材料宜为 A4 幅面，图纸宜采用国家标准图幅。不同幅面的工程图纸应统一折叠成 A4 幅面，图纸标题栏露在外面。

（4）竣工图均应加盖竣工图章。

竣 工 图			
施工单位			
编制人		审核人	
技术负责人		编制日期	
监理单位			
总监理工程师		监理工程师	

80mm，50mm

案例 22　2020 年二建案例题四（有改动）

背景资料

建设单位投资兴建写字楼工程，地下 1 层，地上 5 层，建筑面积为 6000m²，总投资额 4200.00 万元。建设单位编制的招标文件部分内容有："质量标准为合格；工期自 2018 年 5 月 1 日起至 2019 年 9 月 30 日止；采用工程量清单计价模式；项目开工日前 7d 内支付工程预付款，工程款预付比例为 10%"。经公开招投标，在 7 家施工单位里选定 A 施工单位中标，B 施工单位因为在填报工程量清单价格（投标文件组成部分）时，所填报的工程量与建设单位提供的工程量不一致以及其他原因导致未中标。A 施工单位经合约、法务等部门认真审核相关条款，并上报相关领导同意后，与建设单位签订了工程施工总承包合同，签约合同价部分明细有：分部分项工程费 2118.50 万元，脚手架费用 49.00 万元，措施项目费 92.16 万元，其他项目费 110.00 万元，总包管理费 30.00 万元，暂列金额 80.00 万元，规费及税金 266.88 万元。

建设单位于 2018 年 4 月 26 日支付了工程预付款，A 施工单位收到工程预付款后，用部分工程预付款购买了用于本工程所需的塔吊、轿车、模板，支付其他工程拖欠劳务费、其他工程的材料欠款。

在地下室施工过程中，突遇百年不遇特大暴雨。A 施工单位在雨后立即组织工程抢险抢修，抽排基坑内雨污水，发生费用 8.00 万元；检修受损水电线路，发生费用 1.00 万元；抢修工程项目红线外受损的施工便道，以保证工程各类物资、机械进场的需要，发生费用 7.00 万元。A 施工单位及时将上述抢险抢修费用以签证方式上报建设单位。建设单位审核后的意见是：上述抢险抢修工作内容均属于 A 施工单位已经计取的措施费范围，不同意另行支付上述三项费用。

问题1 B 施工单位在填报工程量清单价格时，除工程量外还有哪些内容必须与建设单位提供的内容一致？

【答案】还有以下内容必须与建设单位提供的内容一致：
（1）项目编码。
（2）项目名称。
（3）项目特征。
（4）计量单位。

问题2 除合约、法务部门外，A 施工单位审核合同条款时还需要哪些部门参加？

【答案】审核合同条款时还需要以下部门参加：工程、技术、质量、资金、财务、劳务、物资部门。

知识点引申

合同评审的注意事项

（1）保证待签合同文本与招标文件、投标文件的一致性。一致性要求包括合同内容、承包范围、工期、造价、计价方式、质量要求等实质性内容。

（2）合同文本宜采用行政部门制定的通用合同示范文本，完整填写合同内容。

（3）审核合同签约主体。

（4）不得签订"黑白合同"。

（5）审查合同重要条款。

问题3　A 施工单位的签约合同价、工程预付款分别是多少万元？（保留小数点后两位）指出 A 施工单位使用工程预付款的不妥之处。

【答案】（1）合同价=分部分项工程费+措施项目费+其他项目费+规费+税金
　　　　　　　　=2118.50+92.16+110.00+266.88=2587.54 万元

（2）预付款=（合同价-暂列金额）×预付款比例=（2587.54-80.00）×10%=250.75 万元

（3）使用预付款的不妥之处：
① 购买轿车。
② 支付其他工程拖欠劳务费。
③ 支付其他工程的材料欠款。

问题4　分别说明建设单位对 A 施工单位上报的三项签证费用的审核意见是否正确，并说明理由。

【答案】（1）建设单位不同意支付抽排基坑内雨污水费用 8.00 万元审核意见：不正确。
理由：百年不遇特大暴雨属于不可抗力，不可抗力发生后，工程所需清理、修复费用由发包人承担。

（2）建设单位不同意支付检修受损水电线路发生费用 1.00 万元审核意见：正确。
理由：不可抗力导致承包人水电线路等临时设施的损坏由承包人承担。

（3）建设单位不同意支付抢修工程项目红线外受损的施工便道费用 7.00 万元审核意见：不正确。
理由：项目红线外的施工便道属于场外交通设施，属于建设单位的责任范围，损失由建设单位承担。

案例 23　2019 年二建案例题一

背景资料

某洁净厂房工程，项目经理指示项目技术负责人编制施工进度计划，并评估项目总工期。项目技术负责人编制了相应施工进度安排如下图所示，报项目经理审核。项目经理提出：施工进度计划不等同于施工进度安排，还应包含相关施工计划必要组成内容，要求技术负责人补充。

因为本工程采用了某项专利技术，其中工序 B、工序 F、工序 K 必须使用某特种设备，且需按"B→F→K"先后顺次施工。该设备在当地仅有一台，租赁价格昂贵，租赁时长计

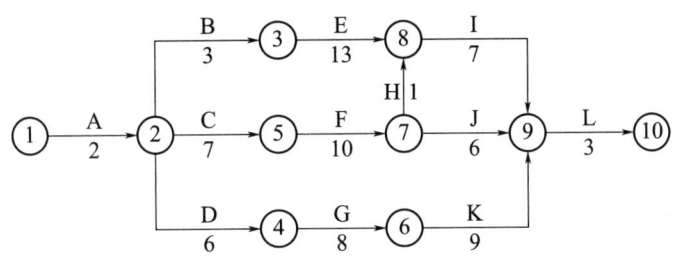

施工进度计划网络图（时间单位：周）

算从进场开始直至设备退场为止，且场内停置等待的时间均按正常作业时间计取租赁费用。

项目技术负责人根据上述特殊情况，对网络图进行了调整，并重新计算项目总工期，报项目经理审批。

项目经理二次审查发现：各工序均按最早开始时间考虑，导致特种设备存在场内停置等待时间。项目经理指示调整各工序的起止时间，优化施工进度安排以节约设备租赁成本。

问题 1 写出图 1 网络图的关键线路（用工作表示）和总工期。

【答案】关键线路：A→C→F→H→I→L。
总工期：2+7+10+1+7+3=30 周。

问题 2 项目技术负责人还应补充哪些施工进度计划的组成内容？

【答案】（1）工程建设概况。
（2）工程施工情况。
（3）单位工程进度计划，分阶段进度计划，单位工程准备工作计划，劳动力需用量计划，主要材料、设备及加工计划，主要施工机械和机具需要量计划，主要施工方案及流水段划分，各项经济技术指标要求等。

问题 3 根据特种设备使用的特殊情况，重新绘制调整后的施工进度计划网络图。调整后的网络图总工期是多少？

【答案】（1）调整后的施工进度计划网络图如下所示：

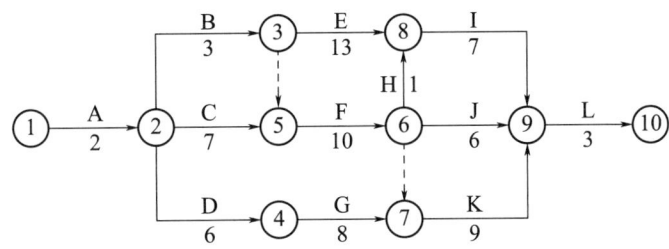

（2）调整后的网络图关键线路：A→C→F→K→L。

总工期：2+7+10+9+3＝31 周。

问题 4 根据重新绘制的网络图，如各工序均按最早开始时间考虑，特种设备计取租赁费用的时长为多少？优化工序的起止时间后，特种设备应在第几周初进场？优化后特种设备计取租赁费用的时长为多少？

【答案】（1）按最早开始时间考虑，特种设备计取租赁费用的时长：

算法 1：3+4+10+9＝26 周

算法 2：28-2＝26 周

（2）优化工序的起止时间后，应在第 6 周初进场。

（3）优化后特种设备计取费用时长：

算法 1：3+1+10+9＝23 周

算法 2：28-5＝23 周

【解析】本问难度很大，完全超出二级建造师甚至一级建造师考试难度。工作 B、F、K 的六时间参数计算如下：

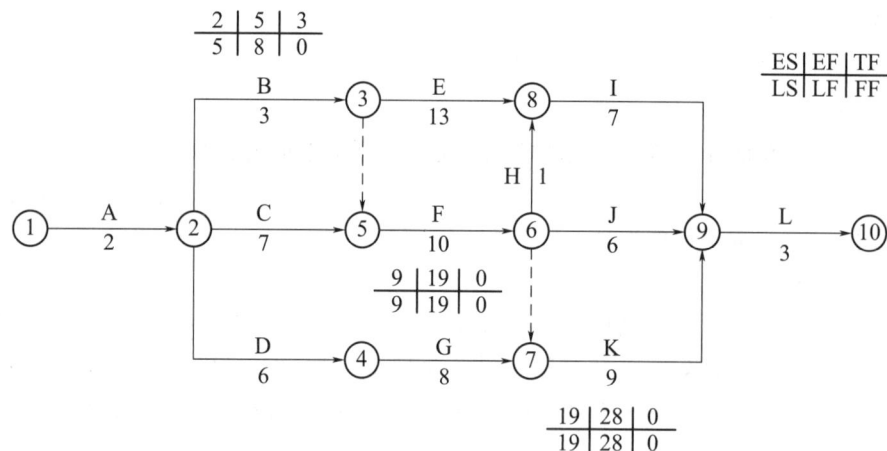

难度 1：工作 B 的总时差是 3 周，而不是 4 周，这是很多考生在网上学了各种快捷方法后最常犯的一个错误。所以工作 B 按最迟开始时间开始时，工作 B 和工作 F 之间还是存在 1 周的间隔时间的。

难度 2："第几周初进场"这个问题很多考生没有把握好，优化工序起止时间后（即按最迟开始时间开始），工作 B 应该是 5 周进场，如果写成第 5 周初进场就不对，应该写成第 6 周初进场。如工作 A 最迟开始时间是 0，不能说第 0 周初进场，因为这种说法不存在，应该说成是第 1 周初进场。画图举例如下：

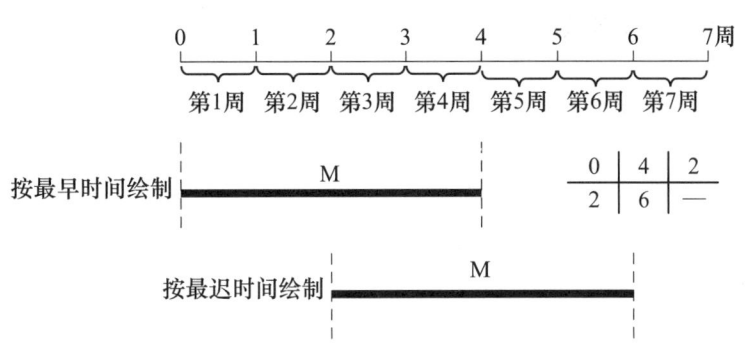

最早开始时间：0，即第1周初　　　最早完成时间：4，即第4周末

最迟开始时间：2，即第3周初　　　最迟完成时间：6，即第6周末

开始时间：N，即第 $N+1$ 周初　　　完成时间：N，即第 N 周末

案例24　2019年二建案例题二（有删减）

背景资料

某办公楼工程，建筑面积24000m²，地下1层，地上12层，筏板基础，钢筋混凝土框架结构，砌筑工程采用蒸压灰砂砖砌体。建设单位依据招投标程序选定了监理单位及施工总承包单位，并约定部分工作允许施工总承包单位自行分包。

第一批钢筋原材到场，项目试验员会同监理单位见证人员进行见证取样，对钢筋原材相关性能指标进行复检。

本工程混凝土设计强度等级：梁板均为C30，地下部分框架柱为C40，地上部分框架柱为C35。施工总承包单位针对梁柱核心区（梁柱节点部位）混凝土浇筑制定了专项技术措施：拟采取竖向结构与水平结构连续浇筑的方式；地下部分梁柱核心区中，沿柱边设置隔离措施，先浇筑框架柱及隔离措施内的C40混凝土，再浇筑隔离措施外的C30梁板混凝土；地上部分，先浇筑柱C35混凝土至梁柱核心区底面（梁底标高）处，梁柱核心区与梁、板一起浇筑C30混凝土。针对上述技术措施，监理工程师提出异议，要求修正其中的错误和补充必要的确认程序，现场才能实施。

工程完工后，施工总承包单位自检合格，再由专业监理工程师组织了竣工预验收。根据预验收所提出问题施工单位整改完毕，总监理工程师及时向建设单位申请工程竣工验收，建设单位认为程序不妥拒绝验收。

项目通过竣工验收后，建设单位、监理单位、设计单位、勘察单位、施工总承包单位与分包单位会商竣工资料移交方式，建设单位要求各参建单位分别向监理单位移交资料，监理单位收集齐全后统一向城建档案馆移交。监理单位以不符合程序为由拒绝。

问题1 钢筋原材的复检项目有哪些？

【答案】复检项目有：屈服强度、抗拉强度、伸长率、单位长度重量偏差。

> 知识点引申

钢筋工程施工质量控制

1. 进场时需检查文件

原材	(1) 生产企业的生产许可证证书。 (2) 钢筋的质量证明文件
成型钢筋	(1) 成型钢筋的质量证明文件。 (2) 成型钢筋所用材料质量证明文件及检验报告

2. 钢筋进场（包括原材、成型钢筋）和钢筋调直后，抽样检验屈服强度、抗拉强度、伸长率和重量偏差，除满足相关强度标准值外，抗震结构所用钢筋复验结果还需符合：

$$强屈比 = \frac{实测抗拉强度}{实测屈服强度} \geqslant 1.25$$

$$超屈比 = \frac{实测屈服强度}{理论屈服强度} \geqslant 1.30$$

$$最大力总延伸率 \geqslant 9\%$$

（1）检验批划分：同一工程、同一原材料来源、同一组生产设备生产的成型钢筋检验批量≤30t；原材＜60t。
（2）检验批扩大一倍条件：① 经产品认证符合要求的钢筋；② 在同一工程项目中，同一厂家、同一牌号、同一规格的钢筋连续三批进场均一次检验合格时。
（3）当无法判断钢筋品种、牌号时，增加化学成分、晶粒度等检验项目。

3. 钢筋脆断、焊接性能不良或力学性能显著不正常时，应停止使用，进行化学成分检验或其他专项检验。

问题2 针对混凝土浇筑措施监理工程师提出的异议，施工总承包单位应修正和补充哪些措施和确认？

【答案】（1）地下部分应修正补充：应在交界区域采取分隔措施。分隔位置应在梁板构件中，且距离框架构件边缘不应小于500mm。
（2）地上部分应补充确认程序：柱、墙位置梁、板高度范围内的混凝土经设计单位同意，可采用强度等级为C30的混凝土进行浇筑。

问题3 指出竣工验收程序有哪些不妥之处？并写出相应正确做法。

【答案】不妥1：专业监理工程师组织竣工预验收。

正确做法：应由总监理工程师组织竣工预验收。

不妥2：总监理工程师向建设单位申请工程竣工验收。

正确做法：应由施工单位向建设单位申请工程竣工验收。

知识点引申

单位工程质量验收程序和组织

（1）自检：施工单位组织；分包工程自检由分包组织，总包单位应派人参加。

（2）预验收：总监理工程师组织，专业监理工程师参加。

（3）竣工验收：

① 施工单位向建设单位提交工程竣工报告，申请竣工验收。

② 建设单位项目负责人组织竣工验收。

参加人员 $\begin{cases} 五方主体项目负责人 \\ 单位工程中有分包工程时，分包单位负责人也应参加 \end{cases}$

问题4 针对本工程的参建各方，写出正确的竣工资料移交程序。

【答案】（1）施工总承包单位向建设单位移交施工资料。

（2）分包单位向施工总承包单位移交施工资料。

（3）监理单位向建设单位移交监理资料。

（4）勘察单位向建设单位移交勘察资料。

（5）设计单位向建设单位移交设计资料。

（6）建设单位向当地城建档案管理部门移交工程档案。

【解析】针对本问，很多考生把握不准尺度，为什么需要写这么多单位的资料移交程序？这就需要看到背景资料的最后一段有这么一句话"建设单位、监理单位、设计单位、勘察单位、施工总承包单位与分包单位会商竣工资料移交方式"。所以需要把这六方涉及的资料移交程序都写出来，少答是要扣分的，多答也是不准确的。

案例25 2019年二建案例题三（有删减和改动）

背景资料

某住宅工程，建筑面积21600m²，基坑开挖深度6.5m，地下2层，地上12层，筏板基础，现浇钢筋混凝土框架结构。

工程由某总承包单位施工，基坑支护由专业分包单位承担。基坑支护施工前，专业分包单位编制了基坑支护专项施工方案,履行相关审批盖章手续后组织了3名符合相关专业要求的专家及参建各方相关人员召开论证会,形成论证意见:"方案采用土钉喷护体系基本可行,需完善基坑监测方案……修改完善后通过"。分包单位按论证意见进行修改后拟按此方案实施,但被建设单位技术负责人以不符合相关规定为由要求整改。

主体结构施工期间,施工单位安全主管部门进行施工升降机安全专项检查,对该施工升降机的限位装置、防护设施、安拆、验收与使用等保证项目进行了全数检查,均符合要求。

施工过程中,建设单位要求施工单位在3层进行了样板间施工,并对样板间室内环境污染物浓度进行检测,检测结果合格;工程交付使用前对室内环境污染物浓度检测时,施工单位以样板间已检测合格为由将抽检房间数量减半,共抽检7间,经检测甲醛浓度超标;施工单位查找原因并采取措施后对原检测的7间房间再次进行检测,检测结果合格,施工单位认为达标。监理单位提出不同意见,要求调整抽检的房间并增加抽检房间数量。

问题1 本项目基坑支护专项施工方案编制到专家论证的过程有何不妥?并说明正确做法。

【答案】不妥1:分包单位组织专家论证。

正确做法:施工总承包单位组织专家论证。

不妥2:由3名专家组成专家组。

正确做法:应由5名及以上专家组成专家组。

不妥3:分包单位按论证意见修改后实施。

正确做法:按论证意见修改后需重新履行审批手续。

知识点引申

专家论证意见
依据住房城乡建设部令第37号

第十三条 专家论证会后,应当形成论证报告,对专项施工方案提出通过、修改后通过或者不通过的一致意见。专家对论证报告负责并签字确认。

专项施工方案经论证需修改后通过的,施工单位应当根据论证报告修改完善后,重新履行审批程序。

专项施工方案经论证不通过的,施工单位修改后应当按照本规定的要求重新组织专家论证。

问题2 施工升降机检查和评定的保证项目除背景资料中列出的项目外还有哪些?

【答案】(1)安全装置。

(2)附墙架。

(3)钢丝绳。

(4)滑轮与对重。

问题3　施工单位对室内环境污染物抽检房间数量减半的理由是否成立？并说明理由。请说明再次检测时对抽检房间的要求和数量。

【答案】（1）抽检房间数量减半理由成立。

理由：民用建筑工程验收中，凡进行样板间室内环境污染物浓度检测且检测结果合格的，抽检数量减半，并不得少于3间。

（2）再次检测时对抽检房间要求：包含同类型房间及原不合格房间。

抽检数量：应增加1倍，共需检测14间房间。

【解析】本问的第二小问答案，很多考生认为需检测28间房间。理由是：减半之后抽检数量是7间，说明正常抽检是14间房，抽检不合格的话，需在原检测数量的基础上翻倍，即需抽检28间。

这个答题思路存在两个漏洞，一是否定样板间检测合格的事实，二是减半之后抽检数量是7间，正常检测一定是14间房吗？正常检测13间房减半后难道不是7间吗？所以，要在样板间检测合格这一事实的前提下来判断。

案例26　2018年二建案例题一（有改动）

背景资料

某办公楼工程，框架结构，钻孔灌注桩基础，地下1层，地上20层，总建筑面积25000m²，其中地下建筑面积3000m²。施工单位中标后与建设单位签订了施工承包合同，合同约定："……至2014年6月15日竣工，工期目标470日历天；质量目标合格；主要材料由施工单位自行采购；因建设单位原因导致工期延误，工期顺延，每延误一天支付施工单位10000元/d的延误费……"合同签订后，施工单位实施了项目进度策划，其中上部标准层结构工序安排如下：

上部标准层结构工序安排表

工作内容	施工准备	模板支撑体系搭设	模板支设	钢筋加工	钢筋绑扎	管线预埋	混凝土浇筑
工序编号	A	B	C	D	E	F	G
时间（d）	1	2	2	2	2	1	1
紧后工序	B、D	C、F	E	E	G	G	—

桩基施工时遇地下溶洞（地质勘探未探明），由此造成工期延误20日历天。施工单位向建设单位提交索赔报告，要求延长工期20日历天，补偿误工费20万元。

地下室结构完成，施工单位自检合格后，项目负责人立即组织总监理工程师及建设单位、勘察单位、设计单位项目负责人进行地基基础分部验收。

施工至 10 层结构时，因商品混凝土供应迟缓，延误工期 10 日历天。施工至 20 层结构时，建设单位要求将该层进行结构变更，又延误工期 15 日历天。施工单位向建设单位提交索赔报告，要求延长工期 25 日历天，补偿误工费 25 万元。

问题 1 根据上部标准层结构工序安排表绘制出双代号网络图，找出关键线路，并计算上部标准层结构每层工期是多少日历天？

【答案】（1）双代号网络图如下：

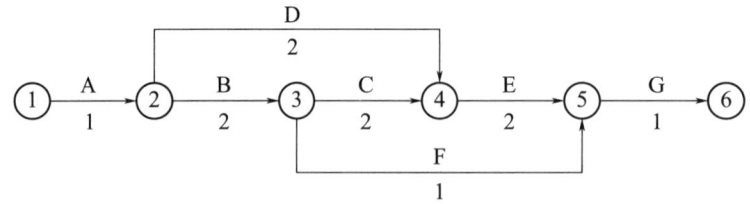

（2）关键线路为：A→B→C→E→G（①→②→③→④→⑤→⑥）。
（3）上部标准层结构每层工期为：8 日历天。

问题 2 本工程地基基础分部工程的验收程序有哪些不妥之处？并说明理由。

【答案】不妥 1：施工单位自检合格后，立即组织验收。
理由：施工单位自检合格后，应向监理单位申请验收。
不妥 2：施工单位项目负责人组织验收。
理由：应由总监理工程师（建设单位项目负责人）组织验收。
不妥 3：施工方参加验收人员不齐。
理由：施工单位项目技术负责人、施工单位技术、质量部门负责人应参加。

问题 3 施工单位索赔成立的工期和费用是多少？逐一说明理由。

【答案】工期：20+15＝35d
费用：35×10000＝350000 元
理由 1：地下溶洞勘探未探明属建设单位责任。可索赔工期 20d、费用 20 万元。
理由 2：结构变更属建设单位责任。可索赔工期 15d、费用 15 万元。

案例 27　2018 年二建案例题二（改动大）

背景资料

沿海地区某群体住宅工程，包含整体地下室、8 栋住宅楼、1 栋物业配套楼以及小区公共区域园林绿化等，业态丰富、体量较大，工期暂定3.5年。招标文件约定：采用工程量清单计价模式，要求投标单位充分考虑风险，特别是一般措施项目均应以有竞争力的报价投标，最终按固定总价签订施工合同。

施工单位中标后，按照明确项目管理任务等步骤组建了项目部。

基坑开挖前，施工单位委托具备相应资质的第三方对基坑工程进行现场监测，监测单位编制了监测方案，经建设方、监理方认可后开始施工。

隐蔽工程验收合格后，施工单位填报了浇筑申请单，监理工程师签字确认。施工班组将水平输送泵管固定在脚手架小横杆上，采用振动棒倾斜于混凝土内由近及远、分层浇筑，监理工程师发现后责令停工整改。

问题1 指出本工程招标文件中不妥之处，并写出相应正确做法。招标人需对招标工程量清单哪些方面负责。

【答案】（1）不妥之处及正确做法。

不妥1：要求投标单位充分考虑风险。

正确做法：采用工程量清单计价的工程，招标人应在招标文件中明确计价中的风险内容及范围，不得采用无限风险。

不妥2：一般措施项目均以有竞争力的报价投标。

正确做法：一般措施项目中的安全文明施工费不得作为竞争性费用。

不妥3：按固定总价合同签订施工合同。

正确做法：本工程工期较长（3.5年），不适用固定总价合同，可采用可调总价合同。

（2）招标人需对招标工程量清单的准确性和完整性负责。

问题2 施工单位组建项目部的步骤还有哪些？

【答案】（1）明确项目组织结构。

（2）确定项目岗位职责、权限以及人员配置。

（3）制定项目工作程序和管理制度。

（4）由组织管理层审核认定。

问题3 本工程在基坑监测管理工作中有哪些不妥之处？并说明理由。

【答案】不妥1：施工单位委托基坑监测单位。

理由：应由建设方委托。

不妥2：监测方案经建设方、监理方认可后实施。

理由：应经建设方、设计方等认可。

> 知识点引申

基坑监测
依据《建筑基坑工程监测技术标准》GB 50497—2019

（1）基坑工程施工前，应由建设方委托具备相应能力的第三方对基坑工程实施现场监测。

（2）基坑工程施工前，应编制基坑工程监测方案。监测方案应经建设方、设计方等认可，必要时还应与基坑周边环境涉及的有关管理单位协商一致后方可实施。

（3）现场监测的对象宜包括：支护结构、基坑及周围岩土体、地下水、周边环境中的被保护对象、其他应监测的对象。

（4）当基坑监测达到变形预警值，或基坑出现流砂、管涌、隆起、陷落，或基坑支护结构及周边环境出现大的变形时，应立即进行预警。

问题4 在浇筑混凝土工作中，施工班组的做法有哪些不妥之处？并说明正确做法。

【答案】不妥1：水平输送泵管固定在脚手架小横杆上。
正确做法：输送泵管应采用支架固定。
不妥2：采用振动棒倾斜于混凝土振捣。
正确做法：振捣棒应垂直于混凝土面振捣。
不妥3：混凝土由近及远浇筑。
正确做法：混凝土由远及近浇筑。

案例28 2018年二建案例题三（改动大）

背景资料

某企业新建办公楼工程，地下1层，地上16层，建筑高度55m，地下建筑面积3000m²，总建筑面积21000m²，现浇混凝土框架结构，采用双排落地钢管脚手架。

结构施工阶段，施工单位相关部门对项目安全进行检查，发现外脚手架存在安全隐患，责令项目部立即整改。

大厅后张预应力混凝土梁浇筑完成25d后，生产经理凭经验判定混凝土强度已达到设计要求，随即安排作业人员拆除了梁底模板并准备进行预应力张拉。

在施工过程中，当地遭遇罕见强台风，导致项目发生如下情况：①整体中断施工24d；②施工人员大量窝工，发生窝工费用88.4万元；③工程清理及修复发生费用30.7万元；

④为提高后续抗台风能力,部分设计进行变更,经估算涉及费用22.5万元,该变更不影响总工期。施工单位针对上述情况均按合规程序向建设单位提出索赔,建设单位认为上述事项全部由罕见强台风导致,非建设单位过错,应属于总价合同模式下施工单位应承担的风险,均不予同意。

问题1 双排落地钢管脚手架使用过程中,哪些情形需要重新检查,确认安全后方可继续使用?

【答案】(1)承受偶然荷载后。
(2)遇有6级及以上强风后。
(3)大雨及以上降水后。
(4)冻结的地基土解冻后。
(5)停用超过1个月。
(6)架体部分拆除。
(7)其他特殊情况。

知识点引申

脚手架搭设过程中,应在下列阶段进行检查,检查合格后方可使用;不合格应进行整改,整改合格后方可使用:
(1)基础完工后及脚手架搭设前。
(2)首层水平杆搭设后。
(3)作业脚手架每搭设一个楼层高度。
(4)附着式升降脚手架支座、悬挑脚手架悬挑结构搭设固定后。
(5)附着式升降脚手架在每次提升前、提升就位后,以及每次下降前、下降就位后。
(6)外挂防护架在首次安装完毕、每次提升前、提升就位后。
(7)搭设支撑脚手架,高度每2~4步或不大于6m。

问题2 预应力混凝土梁底模拆除工作有哪些不妥之处?并说明理由。

【答案】不妥1:凭经验判断混凝土强度。
理由:应采用同条件养护试块方法判定混凝土强度。
不妥2:混凝土强度达到设计要求随即拆除梁底模。
理由:必须办理拆模申请手续后方可拆模。
不妥3:生产经理批准拆模。
理由:应由技术负责人批准拆模。
不妥4:拆除底模后进行预应力筋张拉。
理由:后张预应力混凝土结构底模拆除应在预应力张拉完毕后。

问题3 针对施工单位提出的四项索赔,分别判断是否成立。

【答案】索赔项1:24d 工期索赔成立。

索赔项2:窝工费用 88.4 万元索赔不成立。

索赔项3:工程清理及修复费用 30.7 万元索赔成立。

索赔项4:设计变更费用 22.5 万元索赔成立。

案例 29 2018 年二建案例题四(改动大)

背景资料

某开发商投资兴建办公楼工程,建筑面积 9600m², 地下 1 层,地上 8 层,现浇钢筋混凝土框架结构。经公开招投标,某施工单位中标。中标清单部分费用分别是:分部分项工程费 3793 万元,措施项目费 547 万元,脚手架费 336 万元,暂列金额 100 万元,其他项目费 200 万元,规费及税金 264 万元。双方签订了工程施工承包合同。

施工单位为了保证项目履约,进场施工后立即着手编制项目管理规划大纲,实施项目管理实施规划。制定了项目部内部薪酬计酬办法,并与项目部签订项目目标管理责任书。

项目部为了完成项目目标管理责任书的目标成本,采用技术与商务相结合的办法,分别制定了 A、B、C 三种施工方案:A 施工方案成本为 4400 万元,功能系数为 0.34;B 施工方案成本为 4300 万元,功能系数为 0.32;C 施工方案成本为 4200 万元,功能系数为 0.34。项目部通过开展价值工程工作,确定最终施工方案。并进一步对施工组织设计等进行优化,制定了项目部责任成本,摘录数据如下:

相关费用	金额(万元)
人工费	477
材料费	2585
机械费	278
措施费	220
企业管理费	280
利润	…
规费	80
税金	…

问题1　施工单位签约合同价是多少万元？建筑工程造价有哪些特点？

【答案】（1）合同价＝分部分项工程费+措施项目费+其他项目费+规费+税金＝3793+547+200+264＝4804万元

（2）建筑工程造价特点：大额性、个别性和差异性、动态性、层次性。

> 知识点引申

（1）建筑工程造价可以分为以下六类：①投资估算；②概算造价；③预算造价；④合同价；⑤结算价；⑥决算价。

（2）工程造价计价方式分为定额计价、工程量清单计价两种。

问题2　列式计算项目部三种施工方案的成本系数、价值系数（保留小数点后三位），并确定最终采用哪种方案。

【答案】（1）成本系数：

A方案成本系数＝4400/（4400+4300+4200）＝0.341

B方案成本系数＝4300/（4400+4300+4200）＝0.333

C方案成本系数＝4200/（4400+4300+4200）＝0.326

（2）价值系数：

A方案价值系数＝功能系数/成本系数＝0.34/0.341＝0.997

B方案价值系数＝0.32/0.333＝0.961

C方案价值系数＝0.34/0.326＝1.043

（3）最终采用C方案（价值最大）。

问题3　计算本项目的直接成本、间接成本各是多少万元？

【答案】（1）直接成本：477+2585+278+220＝3560万元

（2）间接成本：280+80＝360万元

第2部分 二建案例模拟题

案例模拟题 1

背景资料

某商品住宅项目，地下 2 层，地上 12~18 层，装配式剪力墙结构，总建筑面积 8.4 万 m²。施工总承包单位中标后组建项目部进场施工。

项目部编制了网络进度计划，如下图所示。施工过程中发生了以下事件：① 由于设计变更，致使工作 E 工程量增加，作业时间延长 2 周；② 施工单位的施工机械出现故障，需订购零部件替换，致使工作 G 作业时间延长 1 周。

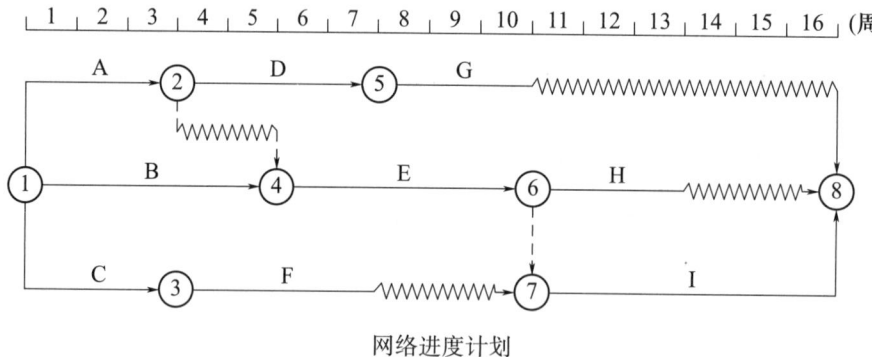

网络进度计划

冬期施工方案中规定：①基础底板采用 C40P6 抗渗混凝土，养护期间按规定进行温度测量；②预制墙板钢筋套筒灌浆连接采用低温型灌浆料。监理工程师要求项目部密切关注施工环境温度和灌浆部位温度，底板混凝土在达到受冻临界强度后方可停止测温。

叠合板预制构件未进行结构性能检验，无驻厂监督生产。进场后，项目部会同监理工程师按规定对叠合板预制构件主要受力钢筋规格等项目进行实体检验，合格后批准使用。

施工完成后，项目部对建筑节能工程的所有分部分项工程进行了验收，符合要求后提交了竣工预验收申请。

问题 1 指出上图（调整前）的关键线路（采用工作方式表达，如 A→B）和工作 A、工作 F 的总时差。分别答出事件①、②工期索赔是否成立？

【答案】（1）关键线路为：B→E→I。

（2）工作 A 的总时差为 2 周；工作 F 的总时差为 3 周。

（3）事件①工作 E 索赔 2 周成立，事件②工作 G 索赔 1 周不成立。

问题 2 指出基础底板抗渗混凝土的最小受冻临界强度值。

【答案】基础底板抗渗混凝土的最小受冻临界强度值为 20MPa。

知识点引申

受冻临界强度

（1）采用蓄热、暖棚法、加热法等施工的普通混凝土，采用硅酸盐水泥、普通硅酸盐水泥配制时，其受冻临界强度不应小于设计混凝土强度等级的 30%；采用矿渣硅酸盐水泥、粉煤灰硅酸盐水泥、火山灰质硅酸盐水泥、复合硅酸盐水泥时，不应小于设计混凝土强度等级的 40%。

（2）当室外最低气温不低于-15℃时，采用综合蓄热法、负温养护法施工的混凝土受冻临界强度不应小于 4.0MPa；当室外最低气温不低于-30℃时，采用负温养护法施工的混凝土受冻临界强度不应小于 5.0MPa。

（3）对强度等级等于或高于 C50 的混凝土，不宜小于设计混凝土强度等级值的 30%。

（4）对有抗渗要求的混凝土，不宜小于设计混凝土强度等级值的 50%。

问题 3 分别指出低温型灌浆料施工开始 24h 内的灌浆部位温度、施工环境温度最低要求值。

【答案】（1）低温型灌浆料施工开始 24h 内的灌浆部位温度最低要求：-5℃。

（2）低温型灌浆料施工开始 24h 内的施工环境温度最低要求：0℃。

知识点引申

常温型灌浆料的使用

（1）当日平均气温高于 25℃时，应测量施工环境温度、灌浆料拌合物温度；当日最高气温低于 10℃时，应测量施工环境温度、灌浆部位温度及灌浆料拌合物温度。

（2）灌浆料拌合物温度不应低于 5℃，不宜高于 30℃。

（3）当灌浆施工开始前的气温、施工环境温度低于 5℃时，应采取加热及封闭保温措施，宜确保从灌浆施工开始 24h 内施工环境温度、灌浆部位温度不低于 5℃，之后宜继续封闭保温 2d。

低温型灌浆料的使用

（1）当连续 3d 的施工环境温度、灌浆部位温度的最高值均低于 10℃时，可采用低温型灌浆料及低温型封浆料。

（2）应采取封闭保温措施确保灌浆施工过程中施工环境温度不低于 0℃，确保从灌浆施工开始 24h 内灌浆部位温度不低于 -5℃，必要时应采取加热措施。

问题 4 叠合板预制构件进场后的实体检验项目还有哪些？

【答案】实体检验项目还有：主要受力钢筋数量、间距、保护层厚度及混凝土强度。

知识点引申

预制构件
依据《装配式混凝土建筑技术标准》GB/T 51231—2016

11.2.2 专业企业生产的预制构件进场时，预制构件结构性能检验应符合下列规定：

1 梁板类简支受弯预制构件进场时应进行结构性能检验。

2 对于不可单独使用的叠合板预制底板，可不进行结构性能检验。对叠合梁构件，是否进行结构性能检验、结构性能检验的方式应根据设计要求确定。

3 对本条第 1、2 款之外的其他预制构件，除设计有专门要求外，进场时可不做结构性能检验。

4 本条第 1、2、3 款规定中不做结构性能检验的预制构件，应采取下列措施：

（1）施工单位或监理单位代表应驻厂监督生产过程。

（2）当无驻厂监督时，预制构件进场时应对其主要受力钢筋数量、规格、间距、保护层厚度及混凝土强度等进行实体检验。

问题 5 除墙体节能工程外，建筑节能围护结构节能子分部的分项工程还有哪些？

【答案】分项工程还有：幕墙节能工程、门窗节能工程、屋面节能工程、地面节能工程。

知识点引申

建筑节能分部工程包括以下子分部工程：围护结构节能工程、供暖空调节能工程、配电照明节能工程、监测控制节能工程、可再生能源节能工程。

案例模拟题 2

背景资料

建设单位投资兴建某工程的招标文件部分要求有：承包模式为施工总承包，报价采用工程量清单计价，投标单位须遵守工程量清单使用范围等强制性内容的规定。

某施工单位工程中标，中标价款内容如下：分部分项工程费为 6000.00 万元；措施项目费为 600.00 万元（按分部分项工程费的 10% 计取）；暂列金额为 297.00 万元，建设单位指定专业分包暂估价为 100.00 万元，总承包服务费费率为 3%；规费费率为 2%；增值税费率为 9%。

项目部进行了专项施工成本分析，内容包括工期成本分析、技术措施节约效果分析等，做好项目成本管理工作。

结构施工采用扣件式钢管落地外脚手架方案，一定高度时采用悬挑钢梁卸载。脚手架工程专项施工方案中规定：脚手架计算书包括受弯构件强度、连墙件的强度、稳定性和连接强度等计算内容；绘制设计图纸包括脚手架平面、立（剖）面图（含剪刀撑布置）等。

项目完成后，公司对项目部进行项目管理绩效评价，评价的指标包括安全、质量、成本等目标完成情况，以及供方管理有效性、风险预防与持续改进能力等管理效果。最终评价结论为良好。

问题 1　工程量清单的强制性内容还有哪些？

【答案】强制性内容还有：计价方式、竞争费用、风险处理、工程量清单编制方法、工程量计算规则。

知识点引申

工程量清单计价具有以下特点：

强制性	对工程量清单的使用范围、计价方式、竞争费用、风险处理、工程量清单编制方法、工程量计算规则均做出强制性规定，不得违反
统一性	采用综合单价形式
完整性	包括工程项目招标、投标、过程计价以及结算的全过程管理
规范性	对计价方式、计价风险、清单编制、分部分项工程量清单编制、招标控制价的编制与复核、投标价的编制与复核、合同价款调整、工程计价表格式均做出统一规定和标准
竞争性	—
法定性	—

问题2 按照工程量清单计价程序，分步骤列式计算施工单位的中标造价是多少万元？（四舍五入取整数）

【答案】（1）分部分项工程费 = 6000 万元

（2）措施项目费 = 600 万元

（3）其他项目费 = 暂列金额+暂估价+计日工+总承包服务费 = 297.00+100.00+0+100.00×3% = 400 万元

（4）规费 =（6000+600+400）×2% = 140 万元

（5）税金 =（6000+600+400+140）×9% = 643 万元

（6）中标造价 = 6000+600+400+140+643 = 7783 万元

问题3 项目部专项施工成本分析内容还有哪些？

【答案】成本分析内容还有：成本盈亏异常分析、质量成本分析、安全成本分析、资金成本分析、其他有利因素和不利因素对成本影响分析。

知识点引申

成本分析分类

（1）按照项目进展，成本分析可分为：分部分项工程项目成本分析、月度成本分析、季度成本分析、年度成本分析、竣工成本分析。

（2）按照成本构成，成本分析可分为：人工费分析、材料费分析、机械使用费分析、其他直接费分析、间接费分析。

（3）按照专项成本事项，成本分析可分为：成本盈亏异常分析、工期成本分析、质量成本分析、安全成本分析、资金成本分析、技术措施节约效果分析、其他有利因素和不利因素对成本影响分析。

问题4 脚手架计算书还应有哪些计算内容？还应绘制哪些设计图纸？

【答案】（1）还应包括的计算内容有：连接扣件的抗滑移、立杆稳定性、悬挑架钢梁挠度。

（2）还应绘制的设计图纸有：脚手架基础节点图，连墙件布置图及节点详图，塔式起重机、施工升降机及其他特殊部位布置及构造图等。

知识点引申

脚手架工程专项施工方案

依据《危险性较大的分部分项工程专项施工方案编制指南》（建办质〔2021〕48号）

1. 基坑工程专项施工方案

（1）验收内容：基坑开挖至基底且变形相对稳定后支护结构顶部水平位移及沉降、建

（构）筑物沉降、周边道路及管线沉降、锚杆（支撑）轴力控制值、坡顶（底）排水措施和基坑侧壁完整性。

（2）相关施工图纸：施工总平面布置图、基坑周边环境平面图、监测点平面图、基坑土方开挖示意图、基坑施工顺序示意图、基坑马道收尾示意图等。

2. 模板支撑体系工程专项施工方案

（1）计算书：支撑架构配件的力学特性及几何参数，荷载组合包括永久荷载、施工荷载、风荷载，模板支撑体系的强度、刚度及稳定性的计算，支撑体系基础承载力、变形计算等。

（2）相关图纸：支撑体系平面布置、立（剖）面图（含剪刀撑布置）、梁模板支撑节点详图与结构拉结节点图，支撑体系监测平面布置图等。

问题 5 项目管理绩效评价的指标内容还有哪些？除了良好外，项目管理绩效评价结论还有哪些？

【答案】1. 评价的指标内容还有：

(1) 项目环保、工期目标完成情况。

(2) 合同履约率、相关方满意度。

(3) 项目综合效益。

2. 项目管理绩效评价结论还有：优秀、合格、不合格。

案例模拟题 3

背景资料

某施工企业中标一新建办公楼工程，地下 2 层，地上 28 层，钢筋混凝土灌注桩基础，基础设计等级为甲级，上部为框架-剪力墙结构，建筑面积 28600m^2。甲乙双方按《建设项目施工合同（示范文本）》GF-2017-0201 签订了施工总承包合同。分部分项工程费见下表。

分部分项工程费

名称	工程量	综合单价	费用（万元）
A	9000m^3	2000 元/m^3	1800
B	12000m^3	2500 元/m^3	3000
C	15000m^3	2200 元/m^3	3300
D	4000m^3	3000 元/m^3	1200

措施费为分部分项工程费的16%，安全文明施工费为分部分项工程费的6%。其他项目费用包括：暂列金额为100万元；分包专业工程暂估价为200万元。规费费率为2.05%，增值税率为9%。

施工单位进场后，按照施工平面管理总体要求，包括满足施工要求、不损害公众利益等内容，绘制了施工平面布置图，满足了施工需要。

桩基施工完成后，项目部采用高应变法按要求进行了工程桩竖向抗压承载力检测和桩身完整性检测，其抽检数量按照相关标准规定选取。

各单位为贯彻落实《建设工程质量检测管理办法》（住房城乡建设部令第57号）要求，在工程施工质量检测管理中做了以下工作：

（1）建设单位委托具有相应资质的检测机构负责本工程质量检测工作。

（2）监理工程师对混凝土试件制作与送样进行了见证。试验员如实记录了其取样、现场检测等情况，制作了见证记录。

（3）混凝土试样送检时，试验员向检测机构填报了检测委托单。

（4）总包项目部按照建设单位要求，每月向检测机构支付当期检测费用。

问题1 分别计算签约合同价中的项目措施费、安全文明施工费、签约合同价各是多少万元？（计算结果四舍五入取整数）

【答案】（1）项目措施费 = (1800+3000+3300+1200)×16% = 1488 万元

（2）安全文明施工费 = (1800+3000+3300+1200)×6% = 558 万元

（3）签约合同价 = [(1800+3000+3300+1200)+1488+(100+200)]×(1+2.05%)×(1+9%) = 12334 万元

问题2 建筑工程施工平面管理的总体要求还有哪些？

【答案】总体要求还有：现场文明，安全有序，整洁卫生，不扰民，绿色环保。

知识点引申

施工平面管理

（1）目的：使场容美观、整洁，道路畅通，材料放置有序，施工有条不紊，安全文明，相关方都满意，管理方便、有序。

（2）五牌一图：工程概况牌、消防保卫牌、安全生产牌、文明施工牌、管理人员名单及监督电话牌和施工现场总平面图。

（3）施工现场的主要道路及材料加工地面应进行硬化处理，如采取铺设混凝土、钢板、碎石等方法。裸露的场地和堆放的土方应采取覆盖、固化或绿化等措施。

（4）现场安全标志分为禁止标志、警告标志、指令标志和提示标志四大类型。

问题 3 灌注桩竖向抗压承载力检测方法是否正确？说明理由。桩身完整性抽检数量的标准规定有哪些？

【答案】（1）采用高应变法进行工程桩竖向抗压承载力检测：不正确。

理由：灌注桩基础设计等级为甲级时，应采用静载试验对桩基承载力进行检测。高应变法检测桩基承载力仅适用于设计等级为乙级、丙级的桩基。

（2）桩身完整性抽检数量标准规定：抽检数量不应少于总桩数的20%，且不应少于10根。每根柱子承台下的桩抽检数量不应少于1根。

> 知识点引申

工程桩的承载力和完整性检测
依据《建筑地基基础工程施工质量验收标准》GB 50202—2018

5.1.5 工程桩应进行承载力和桩身完整性检验。

5.1.6 设计等级为甲级或地质条件复杂时，应采用静载试验的方法对桩基承载力进行检验，检验桩数不应少于总桩数的1%，且不应少于3根，当总桩数少于50根时，不应少于2根。在有经验和对比资料的地区，设计等级为乙级、丙级的桩基可采用高应变法对桩基进行竖向抗压承载力检测，检测数量不应少于总桩数的5%，且不应少于10根。

5.1.7 工程桩的桩身完整性的抽检数量不应少于总桩数的20%，且不应少于10根。每根柱子承台下的桩抽检数量不应少于1根。

问题 4 指出工程施工质量检测管理工作中的不妥之处，并写出正确做法（本问题2项不妥，多答不得分）。混凝土试件制作与取样见证记录内容还有哪些？

【答案】（1）不妥之处及正确做法。

不妥1：试验员制作见证记录。

正确做法：见证人员（监理工程师）制作见证记录。（住房城乡建设部令第57号第十八条）

不妥2：总包单位支付检测费用。

正确做法：建设单位支付。（住房城乡建设部令第57号第十七条）

（2）见证记录还有：制样、标识、封志、送检。

> 知识点引申

依据《建设工程质量检测管理办法》（住房城乡建设部令第57号）

第十七条 建设单位应当在编制工程概预算时合理核算建设工程质量检测费用，单独列支并按照合同约定及时支付。

第十八条 建设单位委托检测机构开展建设工程质量检测活动的，建设单位或者监理单位应当对建设工程质量检测活动实施见证。见证人员应当制作见证记录，记录取样、制样、标识、封志、送检以及现场检测等情况，并签字确认。

案例模拟题 4

背景资料

新建住宅小区，单位工程地下 2~3 层，地上 2~12 层，总建筑面积 12.5 万 m^2。

施工总承包单位项目部为落实住房城乡建设部《房屋建筑和市政基础设施工程危及生产安全施工工艺、设备和材料淘汰目录（第一批）》要求，在施工组织设计中明确了建筑工程禁止和限制使用的施工工艺、设备和材料清单，相关信息见表 1。

表 1　房屋建筑工程危及生产安全的淘汰施工工艺、设备和材料（部分）

名称	淘汰类型	限制条件和范围	可替代的施工工艺、设备、材料
现场简易制作钢筋保护层垫块工艺	禁止	—	专业化压制设备和标准模具生产垫块工艺等
卷扬机钢筋调直工艺	禁止	—	E
饰面砖水泥砂浆粘贴工艺	A	C	水泥基粘接材料粘贴工艺等
龙门架、井架物料提升机	B	D	F
白炽灯、碘钨灯、卤素灯	限制	不得用于建设工地的生产、办公、生活等区域的照明	G

总承包项目部在工程施工准备阶段，根据合同要求编制了工程施工网络进度计划如图 1 所示。在进度计划审查时，监理工程师提出在工作 A 和工作 E 中含有特殊施工技术，涉及知识产权保护，须由同一专业单位按先后顺序依次完成。项目部对原进度计划进行了调整，以满足工作 A 与工作 E 先后施工的逻辑关系。

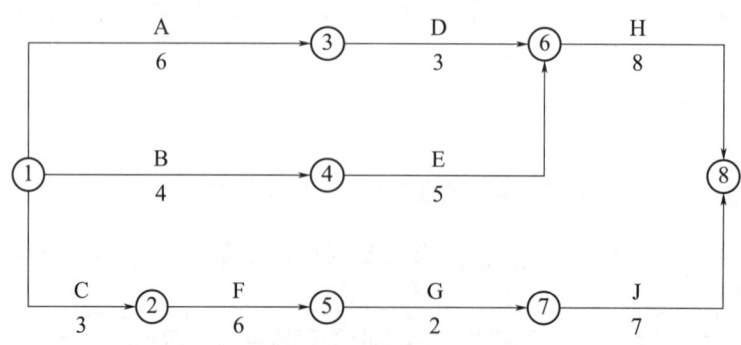

图 1　工程施工网络进度计划（单位：月）

项目部在塔吊布置时充分考虑了吊装构件重量、运输和堆放、使用后拆除和运输等因素,按照《建筑工程安全检查标准》中"塔式起重机"的荷载限制装置、吊钩、滑轮、卷筒与钢丝绳、验收与使用等保证项目和结构设施等一般项目进行了检查验收。

项目部填充墙施工记录中留存有包含施工放线、墙体砌筑、构造柱施工、卫生间砍台施工等工序内容的图像资料,详见图2~图5。

图2

图3

图4

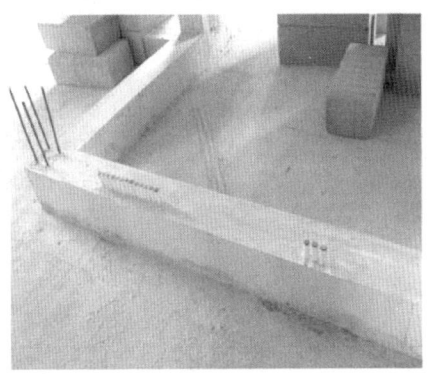

图5

> 问题1 补充表1中A~G处的信息内容。

【答案】A:禁止。

B:限制。

C:—。

D:不得用于25m及以上的建设工程。

E:普通钢筋调直机、数控钢筋调直切断机的钢筋调直工艺等。

F:人货两用施工升降机等。

G:LED灯、节能灯等。

> 知识点引申

《房屋建筑和市政基础设施工程危及生产安全施工工艺、设备和材料淘汰目录（第一批）》

房屋建筑工程部分

名称	淘汰类型	限制条件和范围	可替代的施工工艺、设备、材料
现场简易制作钢筋保护层垫块工艺	禁止	—	专业化压制设备和标准模具生产垫块工艺等
卷扬机钢筋调直工艺	禁止	—	普通钢筋调直机、数控钢筋调直切断机的钢筋调直工艺等
饰面砖水泥砂浆粘贴工艺	禁止	—	水泥基粘接材料粘贴工艺等
钢筋闪光对焊工艺	限制	在非固定的专业预制厂（场）或钢筋加工厂（场）内，对直径大于或等于22mm的钢筋进行连接作业时，不得使用钢筋闪光对焊工艺	套筒冷挤压连接、滚压直螺纹套筒连接等机械连接工艺
基桩人工挖孔工艺	限制	存在下列条件之一的区域不得使用：（1）地下水丰富、软弱土层、流沙等不良地质条件的区域；（2）孔内空气污染物超标准；（3）机械成孔设备可以到达的区域	冲击钻、回转钻、旋挖钻等机械成孔工艺
竹（木）脚手架	禁止	—	承插型盘扣式钢管脚手架、扣件式非悬挑钢管脚手架等
门式钢管支撑架	限制	不得用于搭设满堂承重支撑架体系	承插型盘扣式钢管支撑架、钢管柱梁式支架、移动模架等
白炽灯、碘钨灯、卤素灯	限制	不得用于建设工地的生产、办公、生活等区域的照明	LED灯、节能灯等
龙门架、井架物料提升机	限制	不得用于25m及以上的建设工程	人货两用施工升降机等

问题2 画出调整后的工程网络计划图，并写出关键线路（以工作表示，如 A→B→C）。调整后的总工期是多少个月？

【答案】（1）调整后的工程网络计划图如下：

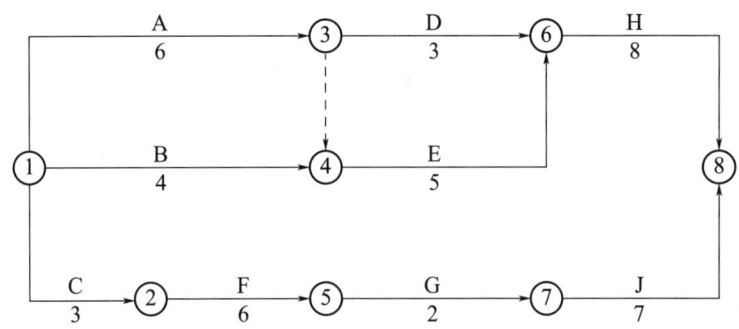

(2) 关键线路：A→E→H。

(3) 调整后的总工期：19 个月。

> **问题3** 施工现场布置吊塔时，应考虑的因素还有哪些？安全检查标准中塔式起重机的一般项目有哪些？

【答案】（1）考虑因素还有：基础设置、周边环境、覆盖范围、附墙杆件位置和距离。

（2）一般项目有：附着、基础与轨道、结构设施、电气安全。

> 知识点引申

塔式起重机和起重吊装安全检查评定项目
依据《建筑施工安全检查标准》JGJ 59—2011

1. 塔式起重机安全检查评定项目

（1）保证项目：荷载限制装置、行程限位装置、保护装置、吊钩、滑轮、卷筒与钢丝绳、多塔作业、安拆、验收与使用。

（2）一般项目：附着、基础与轨道、结构设施、电气安全。

2. 起重吊装

（1）保证项目：施工方案、起重机械、钢丝绳与地锚、索具、作业环境、作业人员。

（2）一般项目：起重吊装、高处作业、构件码放、警戒监护。

> **问题4** 分别写出填充墙施工记录图 2~图 5 的工序内容。写出四张图片的施工顺序。（如 2-3-4-5）

【答案】（1）工序内容：

图 2：施工放线。

图 3：构造柱施工。

图 4：墙体砌筑。

图 5：卫生间坎台施工。

（2）施工顺序：2-5-4-3。

案例模拟题 5

背景资料

建设单位发布某新建工程招标文件，部分内容有：发包范围为土建、水电、通风、空调、消防、装饰等工程，实行施工总承包模式；投标限额为 65000.00 万元，暂列金额为 1500.00 万元；工程款按月度完成工作量的 80% 支付；质量保修金为 5%，履约保证金为 15%；钢材指定采购本市钢厂的产品；消防及通风空调专项工程合同金额 1200.00 万元，由建设单位指定发包，总承包服务费 3.00%。投标单位对部分条款提出了异议。

经公开招标，某施工单位中标，签订了施工总承包合同，合同价部分费用有：分部分项工程费 48000.00 万元，措施项目费为分部分项工程费的 15%，规费费率为 2.20%，增值税税率为 9.00%。

施工单位在桩基础专项施工方案中，根据工程土质特点，确定采用沉管灌注桩，其成桩过程包括桩机就位、锤击（振动）沉管、上料等工作内容。

工程完工后，施工总承包单位自检后认为：所含分部工程中有关安全、节能、环境保护和主要使用功能的检验资料完成，符合单位工程质量验收合格标准，报送监理单位进行预验收。监理工程师在检查后发现部分楼层 C30 混凝土同条件试件缺失，不符合实体混凝土强度评定要求等问题，退回整改。

问题 1 指出招标文件中的不妥之处，分别说明理由。

【答案】不妥 1：质量保修金为 5%。
理由：发包人累计扣留的质保金不得超过工程价款结算总额的 3%。
不妥 2：履约保证金为 15%。
理由：履约保证金不得超过中标合同金额的 10%。
不妥 3：同时收取保修金和履约保证金。
理由：不得同时收取。
不妥 4：钢材指定采购本市钢厂的产品。
理由：不得限定或指定特定的专利、商标、品牌、原产地或者供应商。

知识点引申

1. 依据《建设工程施工合同（示范文本）》GF-2017-0201

15.3.2 发包人累计扣留的质量保证金不得超过工程价款结算总额的 3%。如承包人在发包人签发竣工付款证书后 28d 内提交质量保证金保函，发包人应同时退还扣留的作为质量保证金的工程价款；保函金额不得超过工程价款结算总额的 3%。

2. 依据《中华人民共和国招标投标法实施条例》

第三十二条 招标人不得以不合理的条件限制、排斥潜在投标人或者投标人。

招标人有下列行为之一的,属于以不合理条件限制、排斥潜在投标人或者投标人:

(一) 就同一招标项目向潜在投标人或者投标人提供有差别的项目信息;

(二) 设定的资格、技术、商务条件与招标项目的具体特点和实际需要不相适应或者与合同履行无关;

(三) 依法必须进行招标的项目以特定行政区域或者特定行业的业绩、奖项作为加分条件或者中标条件;

(四) 对潜在投标人或者投标人采取不同的资格审查或者评标标准;

(五) 限定或者指定特定的专利、商标、品牌、原产地或者供应商;

(六) 依法必须进行招标的项目非法限定潜在投标人或者投标人的所有制形式或者组织形式;

(七) 以其他不合理条件限制、排斥潜在投标人或者投标人。

第五十八条 招标文件要求中标人提交履约保证金的,中标人应当按照招标文件的要求提交。履约保证金不得超过中标合同金额的10%。

3. 依据《国务院办公厅关于清理规范工程建设领域保证金的通知》(国办发〔2016〕49号)

在工程项目竣工前,已经缴纳履约保证金的,建设单位不得同时预留工程质量保证金。

问题2 分别计算各项构成费用(分部分项工程费、措施项目费等5项)及施工总承包合同价格各是多少?(单位:万元,保留小数点后两位)

【答案】分部分项工程费:48000.00万元

措施项目费:48000.00×15%=7200.00万元

其他项目费:1500.00+1200.00×3%=1536.00万元

规费:(48000.00+7200.00+1536.00)×2.20%=1248.19万元

税金:(48000.00+7200.00+1536.00+1248.19)×9%=5218.58万元

合同价:48000.00+7200.00+1536.00+1248.19+5218.58=63202.77万元

【解析】题目背景中的消防及通风空调专项工程合同金额1200.00万元,只是作为建设单位指定分包的合同价格,用来计算总承包服务费的,不能把它作为暂估价处理。

问题3 除了沉管灌注桩外,灌注桩还有哪几类?成桩过程还有哪些内容?

【答案】(1) 灌注桩还有:钻孔灌注桩、人工挖孔灌注桩等。

(2) 成桩过程内容还有:

① 边锤击(振动)边拔管,并继续浇筑混凝土。

② 下钢筋笼,并继续浇筑混凝土及拔管。

③ 成桩。

问题 4 单位工程质量验收合格的标准有哪些？工程质量控制资料部分缺失时的处理方式是什么？

【答案】1. 单位工程质量验收合格的标准：
(1) 所含分部工程的质量均应验收合格。
(2) 质量控制资料应完整。
(3) 所含分部工程中有关安全、节能、环境保护和主要使用功能的检验资料应完整。
(4) 主要使用功能的抽查结果应符合相关专业验收规范的规定。
(5) 观感质量应符合要求。
2. 工程质量控制资料部分缺失时的处理方式：委托有资质的检测机构进行实体检验或抽样试验。

知识点引申

单位工程质量验收组织与程序

(1) 单位工程完工后，施工单位组织有关人员进行自检。分包单位应对所承包的分包工程自检，总包单位派人参加。
(2) 总监理工程师组织各专业监理工程师对工程质量进行竣工预验收。
(3) 预验收通过后，施工单位向建设单位提交工程竣工报告，申请竣工验收。
(4) 建设单位项目负责人组织五方主体项目负责人进行单位工程验收。单位工程中有分包工程的，分包单位负责人也应该参加验收。

案例模拟题 6

背景资料

某酒店工程，建筑面积 2.5 万 m^2，地下 1 层，地上 12 层。其中标准层 10 层，每层标准客房 18 间，35m^2/间；裙房设宴会厅 1200m^2，层高 9m。施工单位中标后开始组织施工。

土建主体结构施工过程中，地方主管部门在检查《建筑工人实名制管理办法》落实情况时发现：个别工人没有签订劳动合同，直接进入现场施工作业；仅对建筑工人实行了实名制管理等问题。要求项目立即整改。

项目经理部编制的《屋面工程施工方案》中明确的部分内容如下：
(1) 基层与保护子分部工程包括找坡层、找平层等分项工程。
(2) 防水层施工完成后进行雨后观察或淋水、蓄水试验，合格后再进行隔离层施工。

竣工交付前，项目部按照每层抽一间，每间取一点，共抽取 10 个点，占总数 5.6% 的抽样方案,对标准客房室内环境污染物浓度进行了检测。检测部分结果见下表。

标准客房室内环境污染物浓度检测表(部分)

污染物	民用建筑	
	平均值	最大值
TVOC（mg/m³）	0.46	0.52
苯（mg/m³）	0.07	0.08

问题1 建筑工人满足什么条件才能进入施工现场工作？除建筑工人外，还有哪些单位人员进入施工现场应纳入实名制管理？

【答案】（1）建筑工人需满足以下条件才能进行施工现场工作：依法签订劳动合同，进行基本安全培训，在相关建筑工人实名制管理平台上登记。

（2）进入施工现场的建设单位、承包单位、监理单位的项目管理人员均纳入建筑工人实名制管理。

知识点引申

依据《建筑工人实名制管理办法（试行）》
2019年3月1日实行

第八条 全面实行建筑业农民工实名制管理制度，坚持建筑企业与农民工先签订劳动合同后进场施工。建筑企业应与招用的建筑工人依法签订劳动合同，对其进行基本安全培训，并在相关建筑工人实名制管理平台上登记，方可允许其进入施工现场从事与建筑作业相关的活动。

第九条 项目负责人、技术负责人、质量负责人、安全负责人、劳务负责人等项目管理人员应承担所承接项目的建筑工人实名制管理相应责任。进入施工现场的建设单位、承包单位、监理单位的项目管理人员及建筑工人均纳入建筑工人实名制管理范畴。

问题2 屋面基层与保护子分部工程还包括哪些分项工程？常用屋面隔离层材料有哪些？

【答案】（1）屋面基层与保护子分部工程还包括的分项工程有：隔汽层、隔离层、保护层。

（2）隔离层材料：塑料膜、土工布、卷材、低强度等级砂浆。

知识点引申

依据《屋面工程质量验收规范》GB 50207—2012中的3.0.13条

（1）屋面分部工程包括子分部工程有：基层与保护工程、保温与隔热工程、防水与密封工程、瓦面与板面工程、细部构造工程。

(2) 基层与保护子分部工程包括的分项工程有：找坡层、找平层、隔汽层、隔离层、保护层。

(3) 防水与密封子分部工程包括的分项工程有：卷材防水层、涂膜防水层、复合防水层、接缝密封防水。

问题3 写出建筑工程室内环境污染物浓度检测抽检量要求。标准客房抽样数量是否符合要求？

【答案】1. 抽检量要求：
(1) 抽检时要求同类型房间数量不少于5%。
(2) 样板间检测合格抽取比例减半。
(3) 每个建筑单体不少于3间。
(4) 房间总数少于3间时，全数抽检。
2. 标准客房抽样数量符合要求。

问题4 表中的污染物浓度是否符合要求？应检测的污染物还有哪些？

【答案】(1) TVOC浓度不符合要求，苯浓度符合要求。
(2) 应检测的污染物还有：氡、甲醛、氨、甲苯、二甲苯。

【解析】当房间内有2个及以上检测点时，取各点检测结果的平均值作为该房间的检测值。但本题背景是每间房只抽取一个检测点，而且检测点数量抽取是符合规范要求的，故检测值不存在平均值这一说法，每间房的检测值就是这一个点的数值。显然这里的平均值是取10间房10个点的数值平均，这是一个严重的干扰信息。规范要求当抽检的所有房间室内环境污染物浓度检测结果全部合格，方可判定为该工程室内环境质量合格。表格中的最大值肯定就是其中某一个房间的检测值。如果某类污染物最大值超过浓度限值，意味着其中某一间房的此类污染物浓度检测不合格，此污染物即可判定为检测不合格。

> 知识点引申

依据《民用建筑工程室内环境污染控制标准》GB 50325—2020

1.0.4 民用建筑工程的划分应符合下列规定：

1 Ⅰ类民用建筑应包括住宅、居住功能公寓、医院病房、老年人照料房屋设施、幼儿园、学校教室、学校宿舍等。

2 Ⅱ类民用建筑应包括办公楼、商店、旅馆、文化娱乐场所、书店、图书馆、展览馆、体育馆、公共交通等候室、餐厅等。

6.0.4 民用建筑工程竣工验收时，必须进行室内环境污染物浓度检测，其限量应符合下表的规定。

民用建筑室内环境污染物浓度限量

污染物	单位	Ⅰ类民用建筑	Ⅱ类民用建筑
氡	Bq/m^3	≤150	
甲醛	mg/m^3	≤0.07	≤0.08
氨		≤0.15	≤0.20
苯		≤0.06	≤0.09
甲苯		≤0.15	≤0.20
二甲苯		≤0.20	
TVOC		≤0.45	≤0.50

案例模拟题 7

背景资料

某工程项目,地上 15~18 层,地下 2 层,钢筋混凝土剪力墙结构,总建筑面积 57000m²。施工单位中标后成立项目经理部组织施工。

项目经理部计划施工组织方式采用流水施工,根据劳动力储备和工程结构特点确定流水施工的工艺参数、时间参数和空间参数,如空间参数中的施工段、施工层划分等,合理配置了组织和资源,编制项目双代号网络计划如图 1 所示。

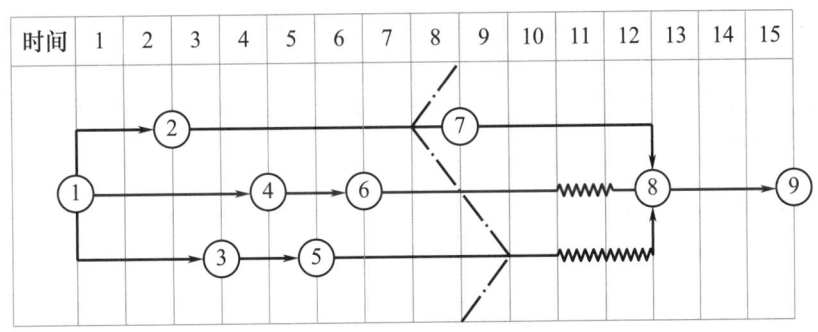

图 1 项目双代号网络计划(一)

项目经理部上报了施工组织设计,其中:施工总平面图设计要点包括了设置大门,布置塔吊、施工升降机,布置临时房屋、水、电和其他动力设施等。布置施工升降机时,考虑了导轨架的附墙位置和距离等现场条件和因素。公司技术部门在审核时指出施工总平面图设计要点不全,施工升降机布置条件和因素考虑不足,要求补充完善。

项目经理部在工程施工到第 8 月底时,对施工进度进行了检查,工程进展状态如图 1 中前锋线所示。工程部门根据检查分析情况,调整措施后重新绘制了从第 9 月开始到工程结束的双代号网络计划，部分内容如图 2 所示。

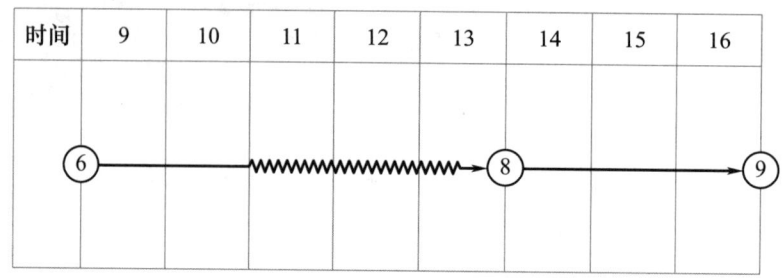

图 2　项目双代号网络计划（二）

问题 1　工程施工组织方式有哪些？组织流水施工时，应考虑的工艺参数和时间参数分别包括哪些内容？

【答案】（1）施工组织方式：依次施工、流水施工、平行施工。
（2）工艺参数：施工过程、流水强度。
（3）时间参数：流水节拍、流水步距、工期。

知识点引申

1. 流水施工的特点：
（1）科学利用工作面，争取时间，合理压缩工期。
（2）作业队实现专业化施工，有利于工作质量和效率的提升。
（3）工作队及其工人、机械设备连续作业，同时使相邻专业工作队的开工时间能够最大限度地搭接，减少窝工和其他支出，降低建造成本。
（4）单位时间内资源投入量较均衡，有利于资源组织与供给。
2. 流水施工的表达方式：网络图、横道图、垂直图。

问题 2　施工总平面布置图设计要点还有哪些？布置施工升降机时，应考虑的条件和因素还有哪些？

【答案】1. 总平面图设计要点还有：
（1）布置材料仓库、堆场。
（2）布置加工厂。
（3）布置场内临时运输道路。
2. 布置施工升降机还应考虑：
（1）地基承载力。
（2）地基平整度。
（3）周边排水。
（4）楼层平台通道。
（5）出入口防护门。
（6）周边的防护围栏。

> 知识点引申

布置大型机械设备应考虑的条件和因素

（1）布置塔吊需考虑因素：基础设置、周边环境、覆盖范围、可吊构件的重量、构件的运输和堆放、附墙杆件的位置和距离、塔吊使用后的拆除和运输。

（2）布置混凝土泵需考虑因素：泵管的输送距离、混凝土罐车行走停靠、立管位置、泵车现场流动使用。

问题3 根据图1中进度前锋线分析第8月底工程的实际进展情况。

【答案】第8月底检查结果：
（1）工作②→⑦进度滞后1个月。
（2）工作⑥→⑧进度与原计划一致。
（3）工作⑤→⑧进度提前1个月。

> 知识点引申

实际进度前锋线

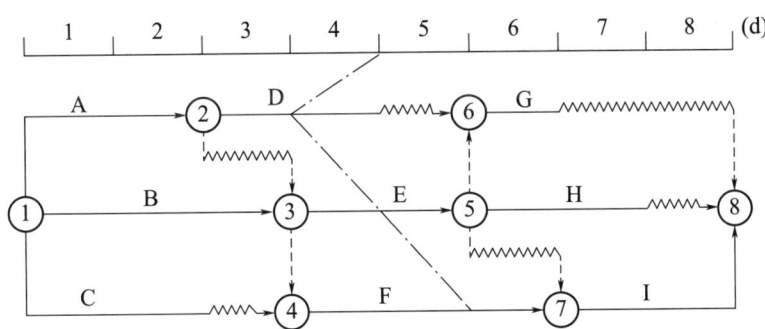

1. 本质是双代号时标网络计划，仅在特定检查时刻加一条反映实际进度的点画线。
（1）实际进度在检查日期左侧：进度延误⎫
（2）实际进度在检查日期右侧：进度提前⎬提前或延误时间为实际进度点与检查日期点的水平投影长度
（3）实际进度与检查日期重合：进度正常⎭

2. 上述图例结论如下：
（1）D工作实际进度在检查日期左侧，代表D工作延误，延误时间为1d。
（2）F工作实际进度在检查日期右侧，代表F工作提前，提前时间为1d。
（3）E工作实际进度与检查日期重合，代表E工作进度正常，按计划进行。

3. 判断实际进度对总工期及紧后工作的影响：
（1）是否影响总工期，只看本项工作的总时差。
（2）是否影响紧后工作的最早开始时间，只看本项工作的自由时差。

如：D 工作实际进度延误 1d，总时差为 3d，延误天数没有超过总时差，不影响总工期；自由时差为 1d，延误天数没有超过自由时差，也不影响紧后工作。

问题 4 在答题纸上绘制正确的从第 9 月开始到工程结束的双代号网络计划图（图 2）。

【答案】

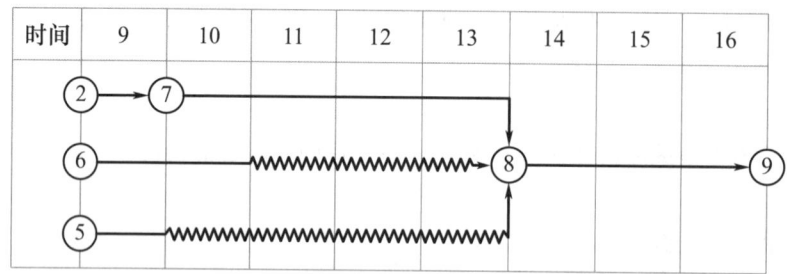

【解析】重新绘制步骤如下：

第一步：由于关键工作②→⑦滞后 1 个月，故工期变为 16 个月。节点⑦定在 9 月底，节点⑧定在 13 月底，节点⑨定在 16 月底。

时间	9	10	11	12	13	14	15	16
	②	⑦						
	⑥				⑧			⑨
	⑤							

第二步：关键工作②→⑦、⑦→⑧、⑧→⑨用实箭线连起来。（关键工作不存在机动时间）

时间	9	10	11	12	13	14	15	16
	②→⑦							
	⑥				⑧			⑨
	⑤							

第三步：节点⑥到节点⑧有 5 个月的时间，但工作⑥→⑧只需 2 个月，剩余 3 个月用波形线补充。

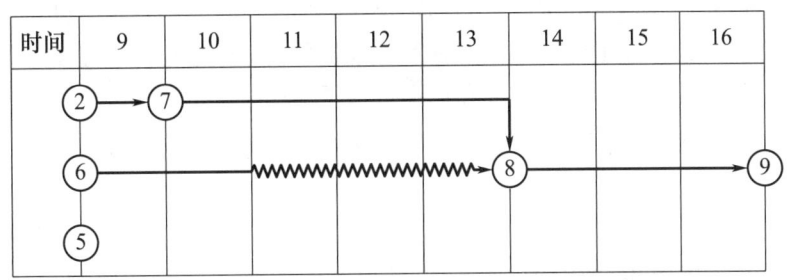

第四步：节点⑤到节点⑧有5个月的时间，但工作⑤→⑧只需1个月，剩余4个月用波形线补充。

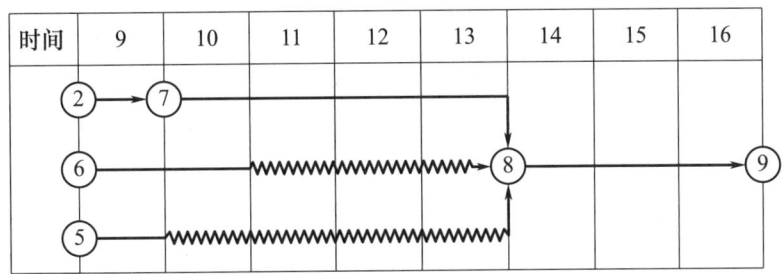

案例模拟题 8

背景资料

某住宅工程由7栋单体组成，地下2层，地上10~13层，总建筑面积11.5万 m^2。施工总承包单位中标后成立项目经理部组织施工。

项目总工程师编制了《临时用电组织设计》，其内容包括：总配电箱设在用电设备相对集中的区域；电缆直接埋地敷设穿过临建设施时应设置警示标识进行保护；临时用电施工完成后，由编制和使用单位共同验收合格后方可使用；各类用电人员经考试合格后持证上岗工作；发现用电安全隐患，经电工排除后继续使用；维修临时用电设备由电工独立完成；临时用电定期检查按分部、分项工程进行。《临时用电组织设计》报企业技术部门批准后，上报监理单位。监理工程师认为《临时用电组织设计》存在不妥之处，要求修改完善后再报。

二次结构填充墙施工时，为抢工期，项目工程部门安排作业人员将刚生产7d的蒸压加气混凝土砌块用于砌筑作业，要求砌体灰缝厚度等质量满足要求。后被监理工程师发现，责令停工整改。

对建筑节能工程围护结构子分部工程检查时，抽查了墙体节能分项工程中保温隔热材料复验报告。复验报告表明该批次酚醛泡沫塑料板的导热系数（热阻）等各项性能指标合格。

工程竣工验收后，参建各方按照合同约定及时整理了工程归档资料。外墙节能承包单位在整理了工程资料后，移交了建设单位。施工总承包单位、监理单位、建设单位也分别将归档后的工程资料按照国家现行有关法规和标准进行了移交。

问题1 写出《临时用电组织设计》内容与管理中不妥之处的正确做法。

【答案】正确做法：

(1) 分配电箱设在用电设备相对集中的区域（或总配电箱设在进场电源最近处）。
(2) 电缆穿过临建设施时应套钢管保护。
(3) 由编制、审核、批准部门和使用单位共同验收合格后方可使用。
(4) 用电安全隐患经电工排除后，经复查验收方可继续使用。
(5) 维修临时用电设备由电工完成，并有人监护。
(6) 项目电气工程技术人员编制《临时用电组织设计》。
(7) 报企业技术负责人批准。

知识点引申

临时用电组织设计

编制条件	用电设备≥5台或设备总容量≥50kW，应编制用电组织设计；否则应制定安全用电和电气防火措施
编制人员	电气工程技术人员
审批程序	相关部门审核，具有法人资格企业的技术负责人审批，现场监理签认
临时用电工程	经编制、审核、批准部门和使用单位验收合格，方可投入使用

问题2 蒸压加气混凝土砌块使用时的要求龄期和含水率应是多少？写出水泥砂浆砌筑蒸压加气混凝土砌块的灰缝厚度要求。

【答案】(1) 砌块龄期不应小于28d，含水率宜小于30%。
(2) 灰缝厚度要求：水平灰缝厚度和竖向灰缝宽度不应超过15mm。

知识点引申

依据《砌体结构工程施工质量验收规范》GB 50203—2011
第9部分 填充墙砌体工程

9.1.2 砌筑填充墙时，轻骨料混凝土小型空心砌块和蒸压加气混凝土砌块的产品龄期不应小于28d，蒸压加气混凝土砌块的含水率宜小于30%。

9.3.5 填充墙的水平灰缝厚度和竖向灰缝宽度应正确。烧结空心砖、轻骨料混凝土小型空心砌块砌体的灰缝应为8~12mm；蒸压加气混凝土砌块砌体当采用水泥砂浆、水泥混合砂浆或蒸压加气混凝土砌块砌筑砂浆时，水平灰缝厚度和竖向灰缝宽度不应超过15mm；当蒸压加气混凝土砌块砌体采用蒸压加气混凝土砌块粘结砂浆时，水平灰缝厚度和竖向灰缝宽度宜为3~4mm。

抽检数量：每检验批抽查不应少于5处。

检验方法：水平灰缝厚度用尺量5皮小砌块的高度折算；竖向灰缝宽度用尺量2m砌体长度折算。

问题3 墙体保温隔热材料进场时需要复验的性能指标还有哪些？

【答案】保温隔热材料复验性能还有：密度、压缩（抗压）强度、垂直于板面的抗拉强度、吸水率、燃烧性能。

知识点引申

墙体节能工程材料进场复验内容
依据《建筑节能工程施工质量验收标准》GB 50411—2019

（1）保温隔热材料的导热系数或热阻、密度、压缩强度或抗压强度、垂直于板面方向的抗拉强度、吸水率、燃烧性能（不燃材料除外）。

（2）复合保温板等墙体节能定型产品的传热系数或热阻、单位面积质量、拉伸粘结强度、燃烧性能（不燃材料除外）。

（3）保温砌块等墙体节能定型产品的传热系数或热阻、抗压强度、吸水率。

（4）反射隔热材料的太阳光反射比，半球发射率。

（5）粘结材料的拉伸粘结强度。

（6）抹面材料的拉伸粘结强度、压折比。

（7）增强网的力学性能、抗腐蚀性能。

问题4 外墙节能承包单位的工程资料移交程序是否正确？各相关单位的工程资料移交程序是哪些？

【答案】（1）外墙节能承包单位的工程资料移交程序：不正确。

（2）各相关单位的工程资料移交程序是：
① 专业承包（外墙节能）单位向施工总承包单位移交。
② 施工总承包单位向建设单位移交。
③ 监理单位向建设单位移交。
④ 建设单位向城建档案管理部门（档案馆）移交。

【解析】一定要看清楚问题中的几个关键字"各相关单位的工程资料移交程序"，根据题目背景中所涉及的单位，仅有"外墙节能承包单位、施工总承包单位、监理单位、建设单位"，所以答案中不能出现设计单位、勘察单位的资料移交程序。

知识点引申

工程资料分类
依据《建筑工程资料管理规程》JGJ/T 185—2009

（1）工程资料可分为工程准备阶段文件、监理资料、施工资料、竣工图和工程竣工文件5类。

（2）施工资料可分为施工管理资料、施工技术资料、施工进度及造价资料、施工物资资料、施工记录、施工试验记录及检测报告、施工质量验收记录、竣工验收资料8类。

案例模拟题 9

背景资料

某酒店工程，建设单位编制的招标文件部分内容为"工程质量为合格；投标人为本省具有工程总承包一级资质及以上企业；招标有效期为2018年3月1日至2018年4月15日；采取工程量清单计价模式；投标保证金为500.00万元……"建设行政主管部门认为招标文件中部分条款不当，后经建设单位修改后继续进行招投标工作，共有8家施工企业参加工程项目投标，建设单位对投标人提出的疑问分别以书面形式对应回复给投标人。2018年5月28日确定某企业以2.18亿元中标。双方签订了施工总承包合同，部分合同条款如下：工期自2018年7月1日起至2019年11月30日止；因建设单位责任引起的签证变更费用予以据实调整；工程质量标准为优良。

承包人对某月砌筑工程的目标成本与实际成本对比，结果见下表。

砌筑工程目标成本与实际成本对比表

项目	单位	目标成本	实际成本
砌筑量	千块	970.00	985.00
单价	元/千块	310.00	332.00
损耗率	%	1.5	2
成本	元	305210.50	333560.40

建设单位负责采购的部分装配式混凝土构件，提前一个月运抵施工场地，承包人会同监理单位清点验收后，承包人为了节约施工场地进行了集中堆放。由于叠合板堆放层数过多，致使下层部分构件产生裂缝。两个月后建设单位在承包人准备安装该批构件时知悉此事，遂

要求承包人对构件进行检测并赔偿损坏构件的损失。承包人则称构件损坏是由于发包人提前运抵施工现场所致,不同意检测和承担损失,并要求建设单位增加支付两个月的构件保管费用。

进入夏季后,公司项目管理部对该项目的工人宿舍和食堂进行了检查,个别宿舍内床铺均为2层,住有18人,设置有生活用品专用柜;窗户为封闭式窗户,防止他人进入;通道的宽度为0.8m;食堂办理了卫生许可证,3名炊事人员均有身体健康证,上岗中符合个人卫生相关规定。检查后项目管理部对工人宿舍的不足提出了整改要求,并限期达标。

问题1 指出招投标过程中有哪些不妥之处?并分别说明理由。

【答案】不妥1:投标人为本省具有施工总承包一级资质的企业。

理由:不得以不合理条件限制或排斥潜在投标人。

不妥2:投标保证金500万元。

理由:投标保证金不得超过招标项目估算价的2%。(依据《中华人民共和国招标投标法实施条例》第二十六条,2019年3月2日第三次修改)

不妥3:对投标人提出的疑问分别以书面形式对应回复给投标人。

理由:应以书面形式回复给所有的投标人。

不妥4:2018年5月28日确定中标单位。

理由:应在招标文件截止日起30d内确定中标单位。(或:2018年4月15日起至2018年5月28日的期限超过了30d)

不妥5:工程质量标准为优良。

理由:与招标文件规定"工程质量为合格"不符。

问题2 砌筑工程各因素对实际成本的影响各是多少元?(保留小数点后两位)

【答案】(1)以目标305210.50=970×310×(1+1.5%)为分析替代的基础。

(2)替换过程

第一次替换砌筑量:985×310×(1+1.5%)=309930.25元

第二次替换单价:985×332×(1+1.5%)=331925.30元

第三次替换损耗率:985×332×(1+2%)=333560.40元

(3)各因素对结算价款的影响

砌筑量对结算价款影响:309930.25−305210.5=4719.75元,说明砌筑量增加使成本增加4719.75元。

单价对结算价款影响:331925.30−309930.25=21995.05元,说明单价上升使成本增加21995.05元。

损耗率对结算价款影响:333560.40−331925.30=1635.10元,说明损耗率提高使成本增加1635.10元。

问题 3 承包人不同意建设单位要求的做法是否正确？并说明理由。承包人可获得多少个月的保管费？

【答案】（1）承包人不同意进行检测做法：不正确。

理由：因为双方签订的合同中包括了检验试验费，故承包人应进行检测。

（2）承包人不同意承担损失做法：不正确。

理由：承包人保管不善导致的损失，应由承包人承担。

（3）承包人可获得 1 个月的保管费。

问题 4 指出工人宿舍管理的不妥之处并改正。在炊事员上岗期间，从个人卫生角度还有哪些具体管理？

【答案】（1）工人宿舍管理的不妥之处并改正。

不妥 1：个别宿舍住有 18 人。

正确做法：每间宿舍居住人员不得超过 16 人。

不妥 2：封闭式窗户。

正确做法：现场宿舍必须设置可开启式窗户。

不妥 3：通道宽度为 0.8m。

正确做法：通道宽度不得小于 0.9m。

（2）炊事员上岗期间个人卫生管理。

① 上岗应穿戴洁净的工作服、工作帽和口罩。

② 应保持个人卫生，勤洗手。

③ 不得穿工作服出食堂。

知识点引申

现场食堂的管理
依据《建设工程施工现场环境与卫生标准》JGJ 146—2013

（1）设置在远离厕所、垃圾站、有毒有害场所等污染源的地方。

（2）设置独立的制作间、储藏间，门扇下方应设不低于 0.2m 的防鼠挡板，非炊事人员不得随意进入制作间。

（3）燃气罐单独设置存放间，存放间通风良好且严禁存放其他物品。

（4）储藏室的粮食存放台距墙和地面应大于 0.2m。

（5）现场食堂外应设置密闭式泔水桶，及时清运。

（6）超过 100 人的食堂，下水沟应设过油池。

（7）现场食堂需办理卫生许可证，炊事人员必须持身体健康证上岗。

案例模拟题 10

背景资料

某新建办公楼工程，地下 2 层，地上 20 层，框架-剪力墙结构，建筑高度 87m。建设单位通过公开招标选定了施工总承包单位并签订了工程施工合同，基坑深 7.6m，基础底板施工进度计划网络图如下图所示。

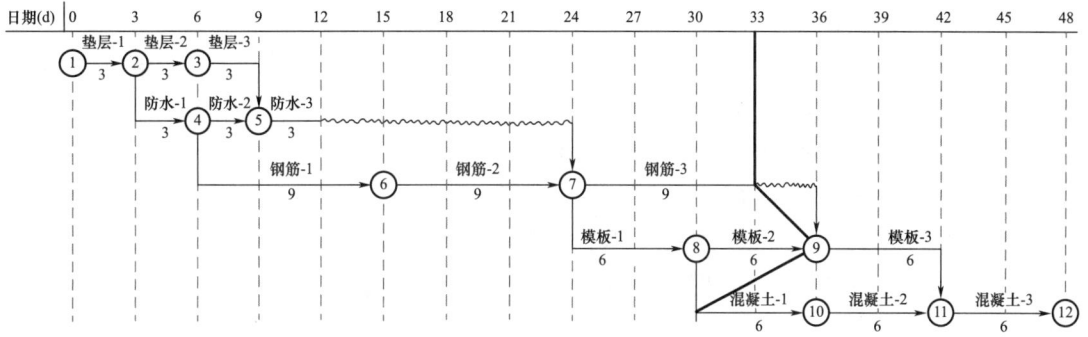

基础底板施工进度计划网络图

基坑施工前，基坑支护专业施工单位编制了基坑支护专项方案，履行相关审批签字手续后，组织包括总承包单位技术负责人在内的 5 名专家对该专项方案进行专家论证，总监理工程师提出专家论证组织不妥，要求整改。

针对基础底板实际情况，施工单位选用商品混凝土浇筑，P6C35 混凝土设计配合比为 1 : 1.7 : 2.8 : 0.46（水泥 : 中砂 : 碎石 : 水），水泥用量 400kg/m³。实际搅拌时，粉煤灰掺量 20%（等量替换水泥），实测中砂含水率 4%、碎石含水率 1.2%。

项目部在施工至第 33d 时，对施工进度进行了检查，实际施工进度如网络图中实际进度前锋线所示，对进度有延误的工作采取了改进措施。

屋面防水层选用 2mm 厚的改性沥青防水卷材，铺贴顺序和方向按照平行于屋脊、上下层不得相互垂直等要求，采用热熔法施工。

问题 1 指出基坑支护专项方案论证的不妥之处，应参加专家论证会的单位还有哪些?

【答案】（1）不妥之处：

不妥 1，基坑支护专业施工单位组织专家论证。

不妥 2，总承包单位技术负责人作为专家组成员。

（2）参加专家论证会的单位还有：建设单位、设计单位、勘察单位。

问题 2 计算每立方米 P6C35 混凝土设计配合比的水泥、中砂、碎石、水的用量是多少？计算每立方米 P6C35 混凝土施工配合比的水泥、中砂、碎石、水、粉煤灰的用量是多少？（单位：kg，小数点后保留两位）

【答案】1. 设计配合比中，每立方米 P6C35 混凝土的水泥、中砂、碎石、水的用量如下：

水泥：400.00kg。

中砂：400×1.7＝680.00kg。

碎石：400×2.8＝1120.00kg。

水：400×0.46＝184.00kg。

2. 施工配合比中，每立方米 P6C35 混凝土的水泥、中砂、碎石、水、粉煤灰的用量如下：

粉煤灰掺量 20%（等量替换水泥），砂的含水率为 4%，碎石含水率为 1.2%。

水泥：400×(1－20%)＝320.00kg。

中砂：680×(1＋4%)＝707.20kg。

碎石：1120×(1＋1.2%)＝1133.44kg。

水：184.00－680×4%－1120×1.2%＝143.36kg。

粉煤灰：400×20%＝80.00kg。

知识点引申

混凝土配合比

（1）混凝土配合比根据原材料性能、混凝土的技术要求，由具有资质的实验室进行计算，并经试配、调整后确定。

（2）依据《普通混凝土配合比设计规程》JGJ 55—2011，混凝土配合比应采用重量比。

（3）砂、石含水率＝水的重量/烘干后的重量×100%。

（4）不管是设计配合比还是施工配合比，各组分材料的净量不变。

问题 3 写出基础底板第 33d 的实际进度检查结果。

【答案】（1）钢筋-3：实际进度正常。

（2）模板-2：实际进度提前 3d。

（3）混凝土-1：实际进度延误 3d。

问题 4 屋面防水卷材采用热熔法施工是否妥当？说明理由。屋面卷材防水铺贴顺序和方向要求还有哪些？

【答案】1. 采用热熔法施工：不妥当。

理由：厚度小于 3mm 的改性沥青防水卷材，严禁采用热熔法施工。

2. 屋面卷材防水铺贴顺序和方向要求还有：
   （1）卷材防水层施工时，应先进行细部构造处理，然后由屋面最低标高向上铺贴。
   （2）檐沟、天沟卷材施工时，宜顺檐沟、天沟方向铺贴，搭接缝应顺流水方向。

案例模拟题 11

背景资料

一建筑施工场地，东西长 110m，南北宽 70m。拟建建筑物首层平面 80m×40m，地下 2 层，地上 6/20 层，檐口高 26/68m，建筑面积约 48000m²。施工场地部分临时设施平面布置示意图如下图所示。图中布置施工临时设施有：现场办公室、木材加工及堆场、钢筋加工及堆场、油漆库房、塔吊、施工电梯、物料提升机、混凝土地泵、大门及围墙、车辆冲洗池（图中未显示的设施均视为符合要求）。

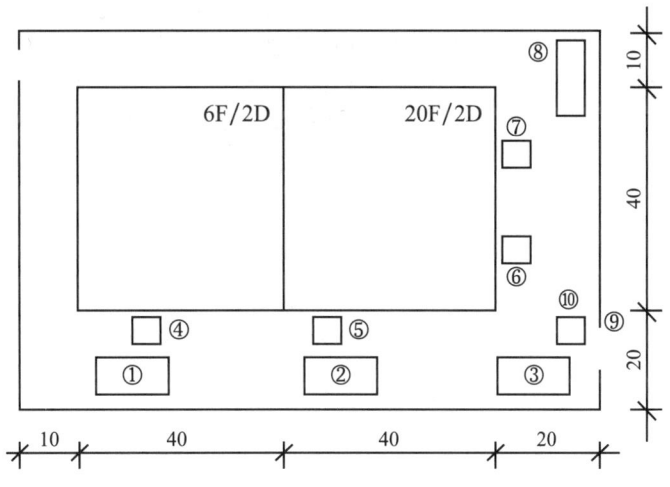

部分临时设施平面布置示意图（单位：m）

问题 1 写出图中临时设施编号所处位置最宜布置的临时设施名称。（如⑨ 大门与围墙）

【答案】① 木材加工及堆场。
② 钢筋加工及堆场。
③ 现场办公室。
④ 物料提升机。
⑤ 塔吊。

⑥ 混凝土地泵。
⑦ 施工电梯。
⑧ 油漆库房。
⑨ 大门及围墙。
⑩ 车辆冲洗池。

问题2 **简单说明布置理由。**

【答案】

位置	临时设施	理由
①	木材加工及堆场	尽量利用现场设施起吊和运输，且必须与塔吊同侧并尽量靠近塔吊。考虑到钢筋的重量及用量远大于木材，为减少二次搬运工作量，故②布置钢筋加工及堆场，①布置木材加工及堆场
②	钢筋加工及堆场	
③	现场办公室	办公用房宜设在工地入口处
④	物料提升机	适用于楼层较低（6F）的垂直运输
⑤	塔吊	适用于楼层较高（20F）的垂直运输，同时考虑到单体建筑的覆盖范围，宜布置在建筑物长向的中间位置
⑥	混凝土地泵	考虑出入方便及混凝土浇筑时混凝土罐车占用交通及掉头空间需要，故将混凝土地泵布置于⑥，将施工电梯布置于⑦
⑦	施工电梯	
⑧	油漆库房	油漆属于危险品类，库房应远离现场单独布置，与在建工程距离不小于15m
⑨	大门及围墙	大门位置应考虑车辆的转弯半径，与加工场地、仓库位置的有效衔接
⑩	车辆冲洗池	设在工地出入口大门处

问题3 **施工现场安全文明施工宣传方式有哪些？**

【答案】（1）宣传栏。
（2）报刊栏。
（3）悬挂安全标语。
（4）悬挂安全警示标志牌。

案例模拟题 12

背景资料

某新建高层住宅工程,建筑面积 16000m²。地下 1 层,地上 12 层,3 栋现浇钢筋混凝土结构,4 栋装配整体式混凝土结构,预制墙板钢筋采用套筒灌浆连接施工工艺。

监理工程师在检查土方回填施工时发现:回填土料混有建筑垃圾;土料铺填厚度大于 400mm;采用振动压实机压实 2 遍成活;每天将回填 2~3 层的环刀法取的土样统一送检测单位检测压实系数。对此提出整改要求。

现浇结构住宅楼"标准层后浇带施工专项方案"中确定:模板独立支设;剔除模板用钢丝网;因设计无要求,后浇带保湿养护 7d 等。

监理工程师在检查装配整体式结构住宅楼第 4 层外墙板安装质量时发现:钢筋套筒连接灌浆满足规范要求;留置了 3 组边长为 70.7mm 的立方体灌浆料标准养护试件;留置了 1 组边长 70.7mm 的立方体坐浆料标准养护试件;施工单位选取第 4 层外墙板竖缝两侧 11mm 的部位在现场进行淋水试验,对此要求整改。

施工总承包单位对项目部进度检查时,发现项目进度监测报告内容仅包括进度执行情况综合描述、实际施工进度、资源供应进度及进度偏差状况,要求项目部补充完善。

问题 1 指出土方回填施工中的不妥之处?并写出正确做法。

【答案】不妥 1:回填土料混有建筑垃圾。

正确做法:填方土应尽量采用同类土,不能混有建筑垃圾。

不妥 2:土料铺填厚度大于 400mm。

正确做法:振动压实机压实回填土方时,土料铺填厚度宜为 250~350mm。

不妥 3:采用振动压实机压实 2 遍成活。

正确做法:采用振动压实机时,每层应压实 3~4 遍。

不妥 4:2~3 层土样统一送检。

正确做法:应每层土单独取样送检。

【解析】为什么应每层土单独取样送检,而不能 2~3 层土样统一送检?因为土方回填采用分层回填时,应在下层的压实系数经试验合格后进行上层施工。

知识点引申

依据《建筑地基基础工程施工质量验收标准》GB 50202—2018

9.5.2 施工中应检查排水系统,每层填筑厚度、辗迹重叠程度、含水量控制、回填土有机质含量、压实系数等。回填施工的压实系数应满足设计要求。当采用分层回填时,应在下层的压实系数经试验合格后进行上层施工。填筑厚度及压实遍数应根据土质、压实系数及压实机具确定。无试验依据时，应符合下表的规定。

填土施工时的分层厚度及压实遍数

压实机具	分层厚度（mm）	每层压实遍数（次）
平碾	250~300	6~8
振动压实机	250~350	3~4
柴油打夯	200~250	3~4
人工打夯	<200	3~4

问题2 指出"标准层后浇带专项方案"中的不妥之处？写出后浇带混凝土施工的主要技术措施。

【答案】不妥之处：后浇带保湿养护7d。

后浇带混凝土施工的主要技术措施：
（1）两侧竖向施工缝混凝土表面进行凿毛处理，清除水泥薄膜和松动石子，以及软弱混凝土层。
（2）充分湿润、冲洗松动部分。
（3）采用强度等级高一级的微膨胀混凝土填充后浇带。
（4）保持至少14d的湿润养护。

【解析】后浇带两侧是两道竖向施工缝，在后浇带混凝土填充之前，其两侧的施工缝要先处理，这一点在"后浇带处理"的题目中千万不要忘记。

问题3 指出第4层外墙板施工中的不妥之处，并写出正确做法。装配式混凝土构件钢筋套筒连接灌浆质量要求有哪些？

【答案】（1）不妥之处及正确做法：

不妥1：灌浆料留置70.7mm的立方体试件。

正确做法：应留置40mm×40mm×160mm的长方体试件。

不妥2：留置1组坐浆料标准养护试件。

正确做法：每层留置不少于3组。

不妥3：选取竖缝两侧11mm的部位进行淋水试验。

正确做法：选取相邻两层四块墙板形成的水平和竖向十字接缝区域进行淋水试验，且面积不得少于10m²。

（2）钢筋套筒连接灌浆质量要求：灌浆应饱满、密实，所有出口均有出浆。

问题 4 项目进度监测报告还应包括哪些内容?

【答案】(1) 工程变更、价格调整、索赔及工程款收支情况。
(2) 导致偏差的原因分析。
(3) 解决问题的措施。
(4) 计划调整意见。

案例模拟题 13

背景资料

某新建别墅群项目,总建筑面积 45000m²,各幢别墅均为地下 1 层,地上 3 层,砖混结构。某施工总承包单位项目部按幢编制了单幢工程施工进度计划。某幢计划工期为 180d,施工进度计划如下图所示。

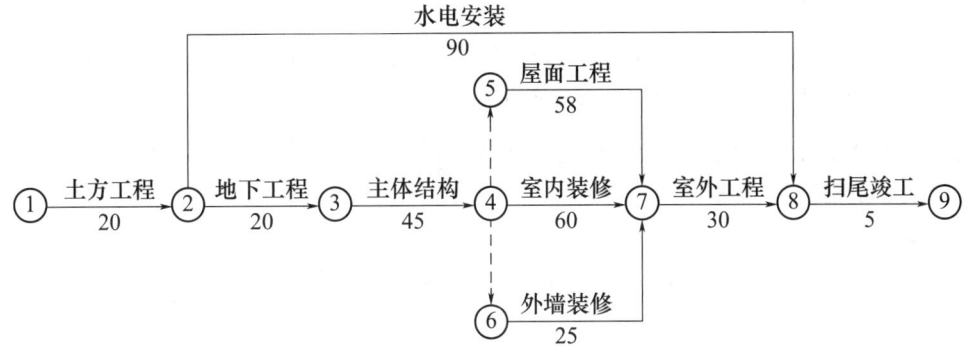

施工进度计划

该别墅工程开工后第 46d 进行的进度检查时发现,土方工程和地下工程基本完成,已开始主体结构工程施工,工期进度滞后 5d。项目部依据赶工参数(具体见下表),对相关施工过程进行压缩,确保工期不变。

赶工参数表

序号	施工过程	最大可压缩时间(d)	赶工费用(元/d)
1	土方工程	2	800
2	地下工程	4	900
3	主体结构	2	2700

续表

序号	施工过程	最大可压缩时间（d）	赶工费用（元/d）
4	水电安装	3	450
5	室内装修	8	3000
6	屋面工程	5	420
7	外墙装修	2	1000
8	室外工程	3	4000
9	扫尾竣工	0	—

项目部对地下室 M5 水泥砂浆防水层施工提出了技术要求；采用普通硅酸盐水泥、自来水、中砂、防水剂等材料拌合，中砂含泥量不得大于 3%；防水层施工前应采用强度等级 M5 的普通砂浆将基层表面的孔洞、缝隙堵塞抹平；防水层施工要求一遍成型，铺抹时应压实、表面应提浆压光，并及时进行保湿养护 7d。

项目部材料管理制度要求对物资采购合同的标的、价格等主要条款加强重点管理。其中，对合同标的的管理要包括物资的名称（含牌号、商标）、花色、技术标准、质量要求等内容。

监理工程师对室内装饰装修工程检查验收后，要求在装饰装修完工后第 5d 进行 TVOC 等室内环境污染物浓度检测。项目部对检测时间提出异议。

问题 1 按照经济、合理原则对相关施工过程进行压缩，请分别写出最适宜压缩的施工过程和相应的压缩天数。

【答案】（1）最适宜压缩的施工过程：主体结构、室内装修、屋面工程。

（2）相应压缩的天数：主体结构压缩 2d、室内装修压缩 3d、屋面工程压缩 1d。

知识点引申

工期压缩应选择关键工作的持续时间进行压缩。当存在多项未完关键工作时，选择压缩对象需考虑三个因素：

（1）缩短持续时间对质量和安全影响不大的工作。

（2）缩短有备用资源的工作。

（3）缩短持续时间所需增加的资源、费用最少的工作。

问题 2 找出项目部对地下室水泥砂浆防水层施工技术要求的不妥之处，并分别说明理由。

【答案】不妥 1：中砂含泥量不得大于 3%。

理由：中砂含泥量不应大于 1%。

不妥 2：采用强度等级 M5 的普通砂浆将基层表面的孔洞、缝隙堵塞抹平。

理由：应采用与防水层相同的防水砂浆将基层表面的孔洞、缝隙堵塞抹平。

不妥3：防水层施工要求一遍成型。

理由：宜采用多层抹压法施工。

不妥4：防水砂浆保湿养护7d。

理由：保湿养护不得少于14d。

> 知识点引申

水泥砂浆防水层施工

（1）可用于地下工程主体结构的迎水面或背水面，不应用于受持续振动或温度高于80℃的地下工程防水。

（2）聚合物水泥防水砂浆厚度单层施工宜为6~8mm，双层施工宜为10~12mm，掺外加剂或掺合料的水泥防水砂浆厚度宜为18~20mm。

（3）不得在雨天、5级及以上大风中施工。冬期施工时气温不应低于5℃，夏季不宜在30℃以上或烈日照射下施工。

问题3 物资采购合同重点管理的主要条款还有哪些？物资采购合同标的包括的主要内容还有哪些？

【答案】（1）重点管理的主要条款还有：数量、运输方式、结算。

（2）标的包括的主要内容还有：品种、型号、规格、等级。

> 知识点引申

设备供应合同

（1）签订设备供应合同需关注以下条款：设备价格、设备数量、技术标准、现场服务、验收和保修。

（2）设备数量条款需列明成套设备名称、数量、随主机的辅机、附件、易损耗备用品、配件和安装修理工具等。

问题4 监理工程师要求的检测时间是否正确，并说明理由。针对本工程，室内环境污染物浓度检测还应包括哪些项目？

【答案】（1）监理工程师要求的检测时间：不正确。

理由：室内污染物浓度检测应在工程完工至少7d以后、工程交付使用前进行。

（2）室内环境污染物浓度检测还应包括：氡、甲醛、氨、苯、甲苯、二甲苯。

案例模拟题 14

背景资料

某新建办公楼工程，总建筑面积 68000m²，地下 2 层，地上 30 层，人工挖孔桩基础，设计桩长 18m，基础埋深 8.5m，地下水为-4.5m；裙房 6 层，檐口高 28m；主楼高度 128m，钢筋混凝土框架-核心筒结构。建设单位与施工单位签订了施工总承包合同。施工单位制定的主要施工方案有：内支撑式排桩基坑支护结构；裙房用落地式双排扣件式钢管脚手架，主楼布置外附墙式塔吊，核心筒爬模施工，结构施工用胶合板模板。

施工前，项目部根据《建筑与市政工程施工质量控制通用规范》GB 55032—2022 对分项工程按照工种等条件，检验批按照楼层等条件，制定了分项工程和检验批划分方案，报监理单位审核。

工程开始施工正值冬季，施工单位项目部编制了冬期施工专项方案，根据当地资源和气候情况对基础底板混凝土的养护用综合蓄热法，对基础底板混凝土的里表温差、表面与大气温度差、温降梯度、养护时间提出了控制指标要求。

施工过程中，项目部相关人员对现场消防安全进行交底，主要内容有：动火证当日有效，楼层变更时可继续使用；切割时，氧气瓶和乙炔瓶的放置距离不得小于 5m，气瓶离明火的距离不得小于 8m；危险物品离易燃物的距离不小于 20m；仓库使用碘钨灯照明。

问题 1 背景资料中，需要进行专家论证的专项施工方案有哪些？排桩支护结构方式还有哪些？

【答案】1. 需要进行专家论证的专项施工方案有：
（1）土方开挖专项施工方案。
（2）内支撑式排桩基坑支护结构专项施工方案。
（3）基坑降水专项施工方案。
（4）人工挖孔桩专项施工方案。
（5）核心筒爬模专项施工方案。

2. 排桩支护结构方式还有：
（1）悬臂式支护结构。
（2）锚拉式支护结构。
（3）内撑-锚拉混合式支护结构。

问题 2 分别指出分项工程和检验批划分的条件还有哪些？

【答案】（1）分项工程划分的条件还有：材料、施工工艺、设备类别等。
（2）检验批划分的条件还有：工程量、施工段等。

> **知识点引申**

依据《建筑与市政工程施工质量控制通用规范》GB 55032—2022

4 施工质量验收

4.1 一般规定

4.1.1 施工质量验收应包括单位工程、分部工程、分项工程和检验批施工质量验收,并应符合下列规定:

1 检验批应根据施工组织、质量控制和专业验收需要,按工程量、楼层、施工段划分。
2 分项工程应根据工种、材料、施工工艺、设备类别划分。
3 分部工程应根据专业性质、工程部位划分。
4 单位工程应为具备独立使用功能的建筑物或构筑物。

问题 3 冬期施工混凝土养护方法还有哪些?对底板混凝土养护中里表温差、表面与大气温度差、温降梯度和养护时间应提出的控制指标是什么?

【答案】1. 冬期施工混凝土养护方法还有:
(1) 蓄热法。
(2) 暖棚法。
(3) 掺化学外加剂法。

2. 底板混凝土养护中的温控指标:
(1) 里表温差:不应大于25℃。
(2) 表面与大气温度差:不应大于20℃。
(3) 温降梯度:不得大于3℃/d。
(4) 养护时间:不应少于14d。

问题 4 指出现场消防安全交底内容的不妥之处,分别说明理由。

【答案】不妥1:楼层变更时,动火证继续使用。
理由:动火地点变换,要重新办理动火证手续。
不妥2:切割时,气瓶离明火的距离不得小于8m。
理由:气瓶离明火的距离不小于10m。
不妥3:危险物品离易燃物的距离不小于20m。
理由:危险物品离易燃物的距离不得小于30m。
不妥4:仓库使用碘钨灯照明。
理由:仓库或堆料场严禁使用碘钨灯,以防碘钨灯引起火灾。

> 知识点引申

存放易燃材料仓库的防火要求

（1）易燃材料仓库应设在下风方向。

（2）易燃材料露天仓库四周内，应有宽度不小于6m的平坦空地作为消防通道。

（3）危险物品之间的堆放距离不得小于10m，危险物品与易燃易爆品的堆放距离不得小于30m。

（4）可燃材料库房单个房间的建筑面积不应超过30m^2，易燃易爆危险品库房单个房间的建筑面积不应超过20m^2。

（5）仓库或堆料场严禁使用碘钨灯，以防碘钨灯引起火灾。

案例模拟题 15

背景资料

某综合楼工程，地下3层，地上20层，总建筑面积68000m^2，地基基础设计等级为甲级，灌注桩筏板基础，现浇钢筋混凝土框架-剪力墙结构。建设单位与施工单位按照《建设工程施工合同（示范文本）》GF-2017-0201签订了施工合同。

基础桩设计桩径800mm、长度35~42m，混凝土强度等级C30，共计900根，施工单位编制的桩基施工方案中列明：采用泥浆护壁成孔、导管法水下灌注C30混凝土；混凝土坍落度不宜小于150mm；灌注时桩顶混凝土面超过设计标高500mm；充盈系数不应小于1.0；每根桩留置1组混凝土试件；成桩后随机选择100根桩进行完整性检验。监理工程师审查方案时认为存在错误，要求施工单位改正后重新上报。

主体结构混凝土子分部工程验收前，在总监理工程师代表的见证下，施工单位项目技术负责人组织具备相应资质的独立第三方实验室对混凝土强度等内容进行了结构实体检验，结果合格。

装修施工单位将地上标准层（F6~F20）划分为三个施工段组织流水施工，各施工段上均包含三道施工工序，其流水节拍见下表（单位：周）。

流水节拍		施工过程		
		工序Ⅰ	工序Ⅱ	工序Ⅲ
施工段	F6~F10	4	3	3
	F11~F15	3	4	6
	F16~F20	5	4	3

建设单位采购的材料进场复检结果不合格,监理工程师要求清退出场;因停工待料导致窝工,施工单位提出8万元费用索赔。材料重新进场施工完毕后,监理验收通过。由于该部位的特殊性,建设单位要求进行剥离检验,检验结果符合要求;剥离检验及恢复共发生费用4万元,施工单位提出4万元费用索赔。上述索赔均在要求时限内提出,数据经监理工程师核实无误。

问题1 指出桩基施工方案中的错误之处,并分别写出相应的正确做法。

【答案】错误1:导管法水下灌注C30混凝土。
正确做法:应灌注C35混凝土(提高一级)。
错误2:混凝土坍落度不宜小于150mm。
正确做法:水下浇筑混凝土坍落度宜为180~220mm。
错误3:灌注时桩顶混凝土面超过设计标高500mm。
正确做法:混凝土超灌高度应高于设计桩顶标高1m以上。
错误4:抽取100根桩检测桩身完整性。
正确做法:应至少抽取180根桩检测桩身完整性。(抽检数量不应少于总桩数的20%,且不应少于10根)

问题2 指出混凝土子分部工程实体检验的不妥之处,说明理由。实体检验的内容还有哪些?

【答案】(1)不妥之处及理由。
不妥之处:总监理工程师代表见证混凝土实体检验。
理由:应由监理工程师见证。
(2)实体检验的内容还有:钢筋保护层厚度、结构位置、尺寸偏差、合同约定的项目。

问题3 参照下图图示,在答题卡上相应位置绘制标准层装修的流水施工横道图。

施工过程	施工进度(周)										
	1	2	3	4	5	6	7	8	9	10	…
工序Ⅰ											
工序Ⅱ											
工序Ⅲ											

【答案】1. 计算流水步距
(1)同一施工过程(工序)累加

	施工段一（F6~F10）	施工段二（F11~F15）	施工段三（F16~F20）
工序Ⅰ累加	4	7	12
工序Ⅱ累加	3	7	11
工序Ⅲ累加	3	9	12

（2）工序Ⅰ与工序Ⅱ之间的流水步距

$$\begin{array}{r}4\quad 7\quad 12\\ -\quad\quad 3\quad 7\quad 11\\ \hline 4\quad 4\quad 5\quad -11\end{array}$$ 取 $K_{Ⅰ-Ⅱ}=5$ 周

（3）工序Ⅱ与工序Ⅲ之间的流水步距

$$\begin{array}{r}3\quad 7\quad 11\\ -\quad\quad 3\quad 9\quad 12\\ \hline 3\quad 4\quad 2\quad -12\end{array}$$ 取 $K_{Ⅱ-Ⅲ}=4$ 周

2. 流水工期

$T=(5+4)+12=21$ 周

3. 画图

施工过程	施工进度（周）																				
	1	2	3	4	5	6	7	8	9	10	11	12	13	14	15	16	17	18	19	20	21
工序Ⅰ		F6~10			F11~15				F16~20												
工序Ⅱ						F6~10			F11~15				F16~20								
工序Ⅲ									F6~10				F11~15				F16~20				

问题4 分别判断施工单位提出的两项费用索赔是否成立，并写出相应的理由。

【答案】（1）因停工待料导致窝工，施工单位提出8万元费用索赔：成立。

理由：建设单位采购材料，停工待料是建设单位应承担的责任事件。

（2）剥离检验及恢复费用4万元索赔：成立。

理由：监理验收通过，建设单位要求进行剥离检验，属于重新检验。检验结果符合要求时，由此发生的费用和延误的工期均由建设单位承担，并支付承包人合理利润。

> 知识点引申

依据《建设工程施工合同（示范文本）》GF-2017-0201

5.3.3　重新检查

承包人覆盖工程隐蔽部位后，发包人或监理人对质量有疑问的，可要求承包人对已覆盖的部位进行钻孔探测或揭开重新检查，承包人应遵照执行，并在检查后重新覆盖恢复原状。经检查证明工程质量符合合同要求的，由发包人承担由此增加的费用和（或）延误的工期，并支付承包人合理的利润；经检查证明工程质量不符合合同要求的，由此增加的费用和（或）延误的工期由承包人承担。

案例模拟题 16

背景资料

某住宅楼工程，场地占地面积约 10000m²，建筑面积约 14000m²，地下 2 层，地上 16 层，层高 2.8m，檐口高 47m，结构设计为筏板基础、剪力墙结构。

本工程项目技术负责人组织编制项目施工组织设计，编制完成后报给单位技术负责人审批。专业承包单位编制塔吊安装拆卸方案，按规定组织专家论证会。

在施工现场消防技术方案中，临时施工道路（宽 4m）与施工（消防）用主水管沿在建住宅楼环状布置，消火栓设在施工道路两侧，距道路中线 5m，在建住宅楼外边线距道路中线 9m。施工用水管计算中，现场施工用水量（$q_1+q_2+q_3+q_4$）为 12.5L/s，管网水流速度 1.6m/s，漏水损失 10%，消防用水量按 15L/s 计算。

设备安装阶段，施工单位发现拟安装在屋面的某空调机组重量达到塔吊限载值（额定起重量）的 96%，起吊前先进行试吊，即将空调机组吊离地面 15cm 后停止提升，现场安排专人进行观察与监督。监理工程师认为施工单位做法不符合安全规定，要求整改，对试吊时的各项检查内容旁站监理。

问题 1　指出项目施工组织设计、塔吊安装拆卸方案编制、审批、专家论证的不妥之处，并写出相应的正确做法。

【答案】不妥 1：项目技术负责人组织编制项目施工组织设计。

正确做法：应由项目负责人组织编制。

不妥 2：施工组织设计编制完后即审批。

正确做法：应由单位技术部门审核通过方可报给单位技术负责人审批。

不妥 3：塔吊安装拆卸方案由专业承包单位组织专家论证。

正确做法：专家论证由施工总承包单位组织。

问题2 指出施工消防技术方案的不妥之处,并说明理由。

【答案】不妥1:消火栓距路边 3m。

理由:按规定消火栓距路边不宜大于 2m。

不妥2:消火栓距在建住宅 4m。

理由:按规定消火栓距拟建房屋不应小于 5m。

知识点引申

临时用水管理要求

(1)消防用水一般利用城市或建设单位的永久消防设施。如自行设计,临时室外消防给水干管的直径不应小于 DN100,消火栓间距不应大于 120m;距拟建房屋不应小于 5m 且不宜大于 25m,距路边不宜大于 2m。

(2)高度超过 24m 的建筑工程,应安装临时消防竖管,管径不得小于 75mm,严禁消防竖管作为施工用水管线。

问题3 施工总用水量是多少?施工用水主管的计算管径是多少?(单位 mm,保留两位小数)

【答案】1. 施工总用水量

(1)工地占地面积 $1hm^2 < 5hm^2$,且 $q_1+q_2+q_3+q_4<q_5$,净用水量 $Q=q_5=15L/s$。

(2)漏水损失为 10%,施工现场总用水量(耗水量)为 $Q=15\times(1+10\%)=16.5L/s$。

2. 施工用水主管计算管径

$$d=\sqrt{\frac{4Q}{\pi\cdot v\cdot 1000}}=\sqrt{\frac{4\times 16.5}{3.14\times 1.6\times 1000}}=0.11462m=114.62m$$

问题4 指出塔吊试吊施工单位做法不符合安全规定之处,并说明理由。在试吊时,必须进行哪些检查?

【答案】(1)不妥之处:试吊时将空调机组吊离地面 15cm。

理由:在起吊荷载达到塔吊额定起重量 90% 时,应先将重物吊起离地面 20~50cm 进行检查。

(2)试吊时必须检查内容包括:

① 机械状况。

② 制动性能。

③ 物件绑扎情况。

知识点引申

塔式起重机

（1）塔式起重机的安装和拆卸作业必须由取得相应资质的专业队伍进行，安装完毕经验收合格之日起30日内，由使用单位向工程所在地县级以上地方人民政府建设主管部门办理建筑起重机械使用登记。

（2）塔式起重机安全装置包括：力矩限制器，超高、变幅、行走限位器，吊钩保险，卷筒保险，爬梯护圈。

（3）遇有风速在12m/s（或六级）及以上大风，大雨、大雪、大雾等恶劣天气，停止作业，将吊钩升起。雨雪过后，应先经过试吊，确认制动器灵敏可靠后方可进行作业。

（4）在吊物荷载达到额定荷载的90%时，应先将吊物吊离地面200~500mm后，检查机械状况、制动性能、物件绑扎情况等，确认无误后方可起吊。对有晃动的物件，必须拴拉溜绳使之稳固。

案例模拟题 17

背景资料

某办公楼工程，地下2层，地上10层，总建筑面积27000m²，钢筋混凝土框架结构。建设单位与施工单位签订了施工总承包合同，合同工期为20个月，建设单位供应部分主要材料。在合同履行过程中，发生了下列事件：

事件一：施工现场总平面布置设计中包含如下主要内容：① 施工现场设置一个大门；② 场地周边设置3.8m宽环形载重单行车道作为主干道（兼消防车道），并进行硬化，转弯半径10m；③ 在干道外侧开挖400mm×600mm管沟，将临时供电线缆、临时用水管线埋置于管沟内。监理工程师认为总平面布置存在多处不妥，责令整改后再验收。并要求补充主干道具体硬化方式和裸露场地文明施工防护措施。

事件二：施工总承包单位按规定向监理工程师提交了施工总进度网络计划（下图，单位：月），该计划通过了监理工程师的审查和确认。

事件三：工作B（特种混凝土工程）进行1个月后，因建设单位原因修改设计导致停工2个月。设计变更后，施工总承包单位及时向监理工程师提出了费用索赔申请（下表），索赔内容和数量经监理工程师审查符合实际情况。

事件四：在施工过程中，由于建设单位供应的主材未能按时交付给施工总承包单位，致使工作K的实际进度在第11月底时拖后3个月；部分施工机械由于施工总承包单位原因未能按时进场，致使工作H的实际进度在第11月底时拖后1个月；在工作F进行过程中，由于施工工艺不符合施工规范的要求导致发生质量问题,被监理工程师责令整改,致使工作 F 的实际进度在第 11 月底时拖后 1 个月。施工总承包单位就工作 K、H、F 工期拖后分别提出了工期索赔。

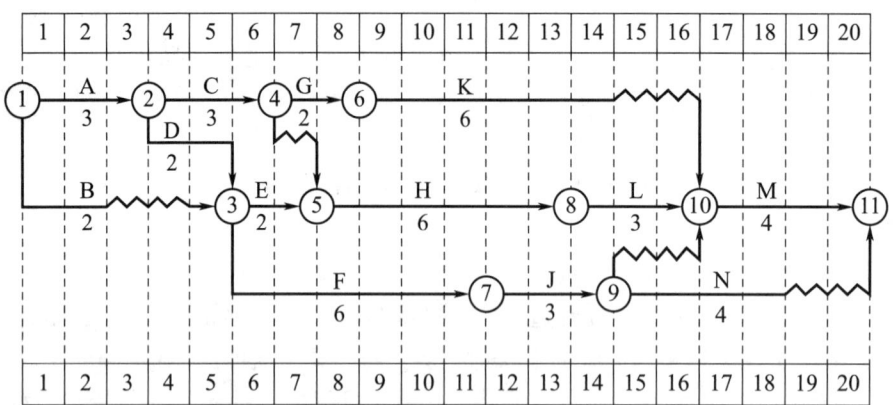

施工总进度网络计划

序号	内容	数量	计算式	备注
1	新增特种混凝土工程费	500m³	500×1050＝525000 元	新增特种混凝土工程综合单价 1050 元/m³
2	机械设备闲置费补偿	60 台班	60×210＝12600 元	台班费 210 元/台班
3	人工窝工费补偿	1600 工日	1600×85＝136000 元	人工工日单价 85 元/工日

问题 1 事件一中,指出施工总平面布置设计的不妥之处,分别写出正确做法。施工现场主干道常用硬化方式有哪些?裸露场地的文明施工防护通常有哪些措施?

【答案】(1)不妥之处:

不妥 1:现场设置一个大门。

正确做法:设计两个以上大门。

不妥 2:单行主干道(消防车道)为 3.8m 宽。

正确做法:单行主干道(消防车道)宽度不小于 4m。

不妥 3:车道转弯半径 10m。

正确做法:载重车道转弯半径不宜小于 15m。

不妥 4:将临时供电线缆、临时用水管线埋置于管沟内。

正确做法:临时供电线缆应避免与其他管道设在同一侧。

(2)主干道常用硬化方式:铺设混凝土、钢板、碎石。

(3)裸露场地的文明施工防护措施:覆盖、固化、绿化。

问题 2 事件二中,施工总承包单位应重点控制哪条线路?(以节点表示)

【答案】重点控制:①→②→③→⑤→⑧→⑩→⑪。

问题 3 事件三中，费用索赔申请一览表中有哪些不妥之处？分别说明理由。

【答案】不妥 1：机械闲置费补偿按台班费计算。

理由：机械闲置费补偿，自有机械应按台班折旧费计算，租赁机械按台班租赁费计算。

不妥 2：人工窝工费补偿按人工工日单价计算。

理由：人工窝工费补偿应按人工窝工单价计算。

知识点引申

人工费和机械费索赔的标准

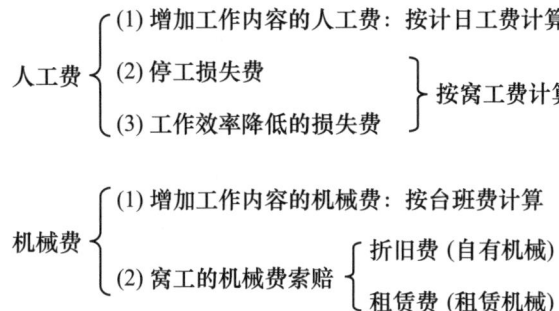

问题 4 事件四中，分别分析工作 K、H、F 的总时差，并判断其进度偏差对施工总工期的影响。分别判断施工总承包单位就工作 K、H、F 工期拖后提出的工期索赔是否成立？

【答案】（1）总时差及其对工期的影响。

① K 工作的总时差为 2 个月；拖后 3 个月影响总工期 1 个月。

② H 工作的总时差为 0；拖后 1 个月影响总工期 1 个月。

③ F 工作的总时差为 2 个月；拖后 1 个月不影响总工期。

（2）索赔。

① K 工作提出的工期索赔：成立。

② H 工作提出的工期索赔：不成立。

③ F 工作提出的工期索赔：不成立。

案例模拟题 18

背景资料

某办公楼工程，建筑面积 45000m²，钢筋混凝土框架-剪刀墙结构，地下 1 层，地上 12

层，层高5m，建设单位与施工单位签订了施工合同。部分条款如下：合同价14250万元；竣工结算款按调值公式法进行调整；项目施工创省级安全文明工地。

在施工过程中，发生了如下事件：

事件一：项目部在编制的"项目环境管理规划"中，提出了包括规范场容、场貌，保持作业环境整洁卫生等文明施工的工作内容。

事件二：项目部按规定向监理工程师提交调直后的HRB400E、直径12mm的钢筋复试报告。检测数据为：抗拉强度实测值561N/mm^2，屈服强度实测值460N/mm^2（HRB400E钢筋：屈服强度标准值400N/mm^2，抗拉强度标准值540N/mm^2）。

事件三：5层某施工段的现浇结构尺寸检验批验收表（部分）如下：

项目			允许偏差（mm）	检查结果（mm）								
一般项目	轴线位置	基础	15	10	2	5	7	16				
		独立基础	10									
		柱、梁、墙	8	6	5	7	8	3	9	5	9	1	10
		剪力墙	5	6	1	5	2	7	4	3	2	0	1
	垂直度	层高 ≤5m	8	8	5	7	8	11	5	9	6	12	7
		层高 >5m											
		全高（H）	H/1000且≤30										
	标高	层高	±10	5	7	8	11	5	7	6	12	8	7
		全高	±30										

事件四：合同中约定，根据人工费和四项材料的价格指数对总造价按调值公式法进行调整。各项目的因素比重、基期价格指数和现行价格指数见下表。

项目	人工费	材料一	材料二	材料三	材料四	机械费
因素比重	0.15	0.30	0.12	0.15	0.08	0.10
基期价格指数	0.99	1.01	0.99	0.96	0.78	1.30
现行价格指数	1.12	1.16	0.85	0.80	1.05	1.35

问题1 事件一中，现场文明施工的主要内容还有哪些？

【答案】（1）创造文明有序和安全生产的条件和氛围。

（2）减少施工过程对居民和环境的不利影响。

（3）树立绿色施工理念，落实项目文化建设。

问题 2 事件二中，计算钢筋的强屈比、超屈比（保留两位小数），并根据计算结果分别判断该指标是否符合要求。

【答案】（1）强屈比：561/460 = 1.22。

强屈比不得小于 1.25，所以不符合要求。

（2）超屈比：460/400 = 1.15。

超屈比不得大于 1.30，所以符合要求。

知识点引申

$$强屈比 = \frac{实测抗拉强度}{实测屈服强度} \geqslant 1.25$$

$$超屈比 = \frac{实测屈服强度}{理论屈服强度} \leqslant 1.30$$

钢筋最大力下总延伸率 ≥ 9%

问题 3 事件三中，指出验收表中的错误，计算表中正确数据的允许偏差合格率。

【答案】（1）验收表错误有：

① 有"基础"检查数据。

②"垂直度"项中，没有评定全高。

③"标高"项中，没有评定全高。

（2）正确数据允许偏差合格率：

① 柱、梁、墙的轴线位置：7/10×100% = 70%。

② 剪力墙的轴线位置：8/10×100% = 80%。

③ 层高的垂直度：7/10×100% = 70%。

④ 层高的标高：8/10×100% = 80%。

问题 4 事件四中，列式计算经调整后的实际结算款应为多少万元？（精确到小数点后两位）

【答案】（1）可调因素比重累加：0.15+0.30+0.12+0.15+0.08 = 0.8

（2）固定系数：1−0.8 = 0.2

（3）实际结算价款：

$$P = 14250 \times \left(0.2 + 0.15 \times \frac{1.12}{0.99} + 0.30 \times \frac{1.16}{1.01} + 0.12 \times \frac{0.85}{0.99} + 0.15 \times \frac{0.80}{0.96} + 0.08 \times \frac{1.05}{0.78} \right)$$

= 14962.13 万元

知识点引申

竣工调值公式

$$P = P_0\left(a_0 + a_1\frac{A}{A_0} + a_2\frac{B}{B_0} + a_3\frac{C}{C_0} + a_4\frac{D}{D_0}\right)$$

式中 P ——工程实际结算价款（调值后）；

     P_0——调值前工程进度（合同）款；

     a_0——固定费用、不调值部分占合同总造价的比重；

a_1、a_2、a_3、a_4——可调值部分占合同总造价的比重；

$$a_0 + a_1 + a_2 + a_3 + a_4 = 1$$

A_0、B_0、C_0、D_0——基期（过去）价格指数或价格；

 A、B、C、D——现行价格指数或价格。

案例模拟题 19

背景资料

某商业建筑工程，地上 6 层，砂石地基，砖混结构，建筑面积 24000m²。外窗采用铝合金窗，内门采用金属门。工程投标及施工过程中发生了如下事件：

事件一：在投标过程中，某施工单位在自行投标总价基础上下浮 5% 进行报价。评标小组经认真核算，认为该施工单位报价中的部分费用不符合现行《建设工程工程量清单计价规范》中不得作为竞争性费用条款的规定，给予废标处理。

事件二：施工开始前，项目经理部安排了测量人员进行平面控制测量定位，测量人员很快提交了测量成果，为工程施工奠定了基础。

事件三：砂石地基施工中，施工单位采用细砂（掺入 30% 的碎石）进行铺填。监理工程师检查发现其分层厚度和压实系数不符合规范要求，令其整改。

事件四：监理工程师对门窗工程检查时发现，外窗未进行"三性"检查，内门采用边安装边砌口的方法施工，外窗采用射钉固定安装方式。监理工程师对存在的问题提出整改要求。

问题 1 事件一中，评标小组的做法是否正确？指出不得作为竞争性费用项目分别是什么？

【答案】（1）评标小组的做法：正确。

（2）不得作为竞争性费用的项目是：

① 安全文明施工费。

② 规费。

③ 税金。

问题 2　事件二中,测量人员从进场测设到形成细部放样的平面控制测量成果需要经过哪些主要步骤?

【答案】(1) 布设施工控制网。
(2) 建筑物轴线测量。
(3) 建筑物细部放样。

知识点引申

施工测量放线的内容与方法

1. 施工测量现场主要工作:
(1) 施工控制网的建立。
(2) 长度的测设。
(3) 角度的测设。
(4) 建筑物细部点平面位置的测设。
(5) 建筑物细部点高程位置及倾斜线的测设。

2. 建筑物平面位置测设方法:直角坐标法、极坐标法、角度前方交会法、距离交会法、方向线交会法。

问题 3　事件三中,砂石地基采用的原材料是否正确?砂石地基还可以采用哪些原材料?砂石地基施工过程还应检查哪些内容?

【答案】(1) 正确。
(2) 还可以采用的原材料有:中砂、粗砂、砾砂、碎石、卵石、角砾、圆砾或石屑。
(3) 施工过程中还应检查:
① 分段施工时搭接部分的压实情况。
② 加水量。
③ 压实遍数。

知识点引申

依据《建筑地基基础工程施工质量验收标准》GB 50202—2018

4.3　砂和砂石地基
4.3.1　施工前应检查砂、石等原材料质量和配合比及砂、石拌合的均匀性。
4.3.2　施工中应检查分层厚度、分段施工时搭接部分的压实情况、加水量、压实遍数、压实系数。
4.3.3　施工结束后,应进行地基承载力检验。

问题4 事件四中,建筑外墙铝合金窗的"三性"试验是指什么?分别写出错误安装方式的正确做法。

【答案】(1)气密性能、水密性能和抗风压性能。

(2)正确做法:

错误1:内门采用边安装边砌口的方法施工。

正确做法:应采用预留洞口的方法施工。

错误2:外窗采用射钉固定安装方式。

正确做法:砌体墙上安装铝合金窗应采用金属膨胀螺栓固定或燕尾铁脚连接方式进行安装。

【解析】错误2需要通过题目背景判断墙体是砌体墙,而不是钢筋混凝土结构。因为题目最开始的大背景已经明确该商业建筑工程为砖混结构。

知识点引申

金属门窗

(1)金属门窗安装应采用预留洞口的方法施工,不得采用边安装边砌口或先安装后砌口的方法施工。

(2)铝合金门窗的固定方式见下表。

序号	连接方式	适用范围
1	连接件焊接连接	适用于钢结构
2	预埋件连接	适用于钢筋混凝土结构
3	燕尾铁脚连接	适用于砖墙结构
4	金属膨胀螺栓固定	适用于钢筋混凝土结构、砖墙结构
5	射钉固定	适用于钢筋混凝土结构

案例模拟题 20

背景资料

某办公楼工程,地下2层,地上24层,现浇钢筋混凝土框架结构,预应力管桩基础。建设单位与施工总承包单位签订了施工总承包合同,合同工期为29个月。按合同约定,施工总承包单位将预应力管桩工程分包给了符合资质要求的专业分包单位。施工总承包单位提交的施工总进度计划如下图所示(时间单位:月),该计划通过了监理工程师的审查和确认。

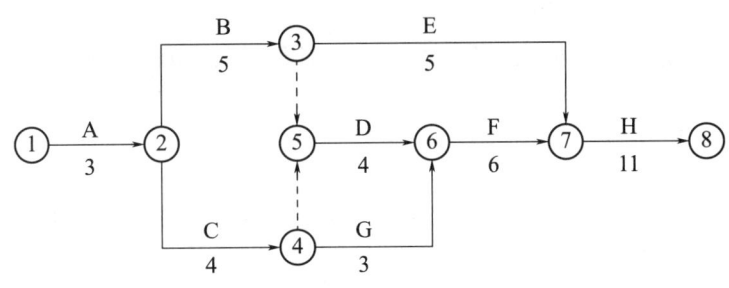

施工总进度计划网络图

合同履行过程中,发生了如下事件:

事件一:施工总承包单位根据《危险性较大的分部分项工程安全管理规定》(住房城乡建设部令第37号),会同建设单位、监理单位、勘察设计单位相关人员,聘请了外单位5位专家及本单位总工程师共计6人组成专家组,对《土方及基坑支护工程施工方案》进行论证。专家组提出了口头论证意见后离开,论证会结束。

事件二:根据现场防火设施平面布置图,施工方在基坑上口周边的四个转角处分别设置了消火栓,在60m²的木工棚内配备了2只灭火器及相关消防辅助工具,设一处消防水源进水口。消防检查时对此提出了整改意见。

事件三:在工程施工进行到第7个月时,因建设单位提出设计变更,导致G工作停止施工1个月。由于建设单位要求按期完工,施工总承包单位据此向监理工程师提出了赶工费索赔。根据合同约定,赶工费标准为18万元/月。

问题1 施工总承包单位计划工期能否满足合同工期要求?为保证工程进度目标,施工总承包单位应重点控制哪条施工线路?(用工作名称表示)

【答案】(1)本工程计划工期:3+5+4+6+11=29个月,计划工期能够满足合同工期的要求。

(2)应重点控制关键线路:A→B→D→F→H。

问题2 指出事件一中的不妥之处,并分别说明理由。

【答案】不妥1:施工总承包单位总工程师作为专家组成员。
理由:本项目参建各方的人员不得以专家身份参加专家论证会。
不妥2:专家组提出了口头论证意见后离开。
理由:专家论证会后,应当形成书面论证报告,对专项施工方案提出通过、修改后通过或者不通过的一致意见。

问题3 事件二中存在哪些不妥之处?并分别写出正确做法。

【答案】不妥1:在基坑上口设置消火栓。
正确做法:消火栓应沿消防车道或堆料场内交通道路的边缘设置。

不妥 2：在 60m² 的木工棚内配备了 2 只灭火器。
正确做法：木工棚内每 25m² 配备 1 只灭火器，60m² 应配备 3 只灭火器。
不妥 3：现场设一处消防水源进水口。
正确做法：消防水源进水口一般不应少于两处。

问题 4 事件三中，施工总承包单位可索赔的赶工费为多少万元？说明理由。

【答案】施工总承包单位不能提出赶工费的索赔。
理由：尽管设计变更是建设单位应承担的责任事件，但 G 工作为非关键工作，其总时差为 2 个月，停工 1 个月，没有超过总时差，不影响工期，不需要赶工。

案例模拟题 21

背景资料

某施工单位在新建办公楼工程项目开工前，按《建筑施工组织设计规范》GB/T 50502—2009 规定的单位工程施工组织设计应包含的各项基本内容，编制了本工程的施工组织设计，经相应人员审批后报监理机构，在总监理工程师审批签字后按此组织施工。

在施工组织设计中，施工进度计划以时标网络图（时间单位：月）形式表示。在第 8 月末，施工单位对现场实际进度进行检查，并在时标网络图中绘制了实际进度前锋线，如下图所示。

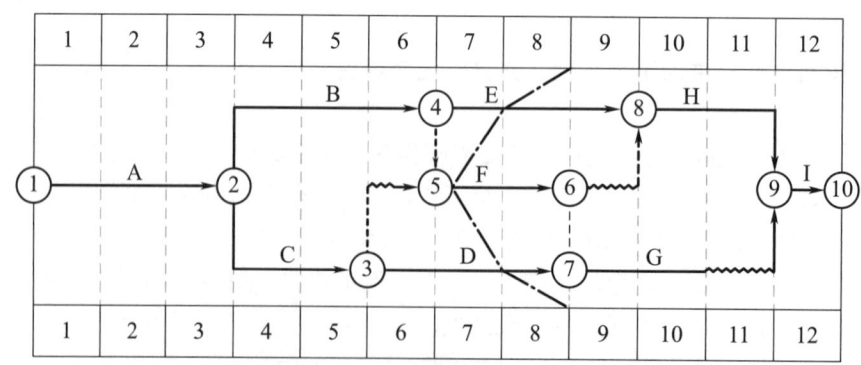

绘制了实际进度前锋线的时标网络图

针对检查中所发现实际进度与计划进度不符的情况，施工单位均在规定时限内提出索赔意向通知，并在监理机构同意的时间内上报了相应的工期索赔资料。经监理工程师核实，工序 E 的进度偏差是因为建设单位供应材料所导致，工序 F 的进度偏差是因为当地政令性停工导致，工序 D 的进度偏差是因为工人返乡农忙导致。根据上述情况，监理工程师对三项工期索赔分别予以批复。

问题 1 本工程的施工组织设计中应包含哪些基本内容？

【答案】（1）编制依据。
（2）工程概况。
（3）施工部署。
（4）施工进度计划。
（5）施工准备与资源配置计划。
（6）主要施工方法。
（7）施工现场平面布置。
（8）主要施工管理计划等。

问题 2 施工单位哪些人员具备审批单位工程施工组织设计的资格？

【答案】由施工单位技术负责人或施工单位技术负责人授权的技术人员。

知识点引申

分类	施工组织总设计、单位工程施工组织设计、施工方案	
编制	项目负责人主持编制，根据实际需要可分阶段编制	
审批	施工组织总设计	总包单位技术负责人
	单位工程施工组织设计	施工单位技术负责人或授权的技术人员

问题 3 写出网络图中前锋线所涉及各工序的实际进度偏差情况。如后续工作仍按原计划的速度进行，本工程的实际完工工期是多少个月？

【答案】（1）各工序实际进度偏差情况：
工序 E：滞后 1 个月。
工序 F：滞后 2 个月。
工序 D：滞后 1 个月。
（2）工程的实际完工工期：13 个月。

问题 4 针对工序 E、工序 F、工序 D，分别判断施工单位上报的三项工期索赔是否成立，并说明相应的理由。

【答案】（1）工序 E 索赔：成立。
理由：工序 E 滞后 1 个月，影响总工期 1 个月，且因建设单位供应材料所导致，属建设单位责任范围，故索赔成立。

(2) 工序 F 索赔：不成立。

理由：工序 F 虽是政令性停工导致滞后 2 个月，原计划网络图的总时差为 1 个月，但由于工序 E 已经给予 1 个月的工期索赔，此时工序 F 滞后 2 个月并不影响总工期，故索赔不成立。

(3) 工序 D 索赔：不成立。

理由：工序 D 滞后的原因是工人返乡农忙，属施工单位责任范围，故索赔不成立。

案例模拟题 22

背景资料

某新建商用群体建设项目，地下 2 层，地上 8~12 层，现浇钢筋混凝土框架结构，筏板基础，建筑面积 88000m²。某施工单位中标后组建项目部进场施工，在项目现场搭设了临时办公室、各类加工车间、库房、食堂和宿舍等临时设施。根据场地实际情况，在现场临时设施区域内设置了环形消防通道、消火栓、消防供水池等消防设施。

施工单位在每月例行的安全生产与文明施工巡查中，对照《建筑施工安全检查标准》JGJ 59—2011 中"文明施工检查评分表"的保证项目逐一进行检查。经统计，现场生产区临时设施总面积为 1230m²，检查组认为现场临时设施区域内消防设施配置不齐全，要求项目部整改。

针对地下室 200mm 厚的无梁楼盖，项目部编制了模板及其支撑架专项施工方案。方案中采用直径 42mm 钢管支撑架体系，竖向剪刀撑宽度为 5.1m，顶托螺杆插入立杆的长度不小于 150mm，伸出立杆的长度控制在 500mm 以内，插入立杆钢管内空隙为 3mm。

在装饰装修阶段，项目部使用钢管和扣件临时搭设了一个移动式操作平台用于顶棚装饰装修作业。该操作平台的台面面积 8.64m²，台面距楼地面高 4.6m。

问题 1 按照"文明施工检查评分表"的保证项目检查时，除现场办公和住宿之外，检查的保证项目还应有哪些？

【答案】还应检查的保证项目有：

(1) 现场围挡。

(2) 封闭管理。

(3) 施工场地。

(4) 材料管理。

(5) 现场防火。

问题2 针对本项目生产区临时设施总面积情况，在生产区临时设施区域内还应增设哪些消防器材或设施？

【答案】（1）至少26支10L灭火器。

（2）专供消防用的太平桶、积水桶和黄砂池。

问题3 指出本项目模板及其支撑架专项施工方案中的不妥之处，并分别写出正确做法。

【答案】不妥1：竖向剪刀撑宽度为5.1m。

正确做法：竖向剪刀撑的宽度为6~9m。

不妥2：顶托螺杆伸出立杆的长度控制在500mm以内。

正确做法：直径42mm钢管支撑架体系，顶托螺杆伸出长度不应大于200mm。

不妥3：顶托螺杆与立杆钢管内空隙为3mm。

正确做法：不应大于2.5mm。

> 知识点引申

依据《施工脚手架通用规范》GB 55023—2022

4.4.12 支撑脚手架独立架体高宽比不应大于3.0。

4.4.13 支撑脚手架应设置竖向和水平剪刀撑，并应符合下列规定：

1 剪刀撑的设置应均匀、对称。

2 每道竖向剪刀撑的宽度应为6~9m，剪刀撑斜杆的倾角应在45°~60°之间。

4.4.14 支撑脚手架的水平杆应按步距沿纵向和横向通长连续设置，且应与相邻立杆连接稳固。

4.4.15 脚手架可调底座和可调托撑调节螺杆插入脚手架立杆内的长度不应小于150mm，且调节螺杆伸出长度应经计算确定，并应符合下列规定：

1 当插入的立杆钢管直径为42mm时，伸出长度不应大于200mm。

2 当插入的立杆钢管直径为48.3mm及以上时，伸出长度不应大于500mm。

4.4.16 可调底座和可调托撑螺杆插入脚手架立杆钢管内的间隙不应大于2.5mm。

问题4 现场搭设的移动式操作平台的台面面积、台面高度是否符合规定？现场移动式操作平台作业安全控制要点有哪些？

【答案】（1）现场搭设的移动式操作平台的台面面积符合规定、台面高度符合规定。

（2）移动式平台作业安全控制要点有：

① 台面不得超过$10m^2$。

② 高度不得超过5m。

③ 高宽比不应大于2:1。

④ 台面脚手板铺满钉牢。

⑤ 台面四周设置防护栏杆。

⑥ 不允许带人移动平台。

案例模拟题 23

背景资料

某办公楼工程,建筑面积35000m²,地下2层,地上15层,框架筒体结构,外装修为单元式玻璃幕墙和局部干挂石材。

在施工过程中,发生了下列事件:

事件一:施工单位进场后,项目经理召集项目相关人员确定了基础及结构施工期间的总体部署和主要施工方法:土方工程依据合同约定采用专业分包;底板施工前,在基坑外侧将塔吊安装调试完成;结构施工至地上8层时安装双笼外用电梯;模板拆至5层时安装悬挑卸料平台;考虑到场区将来回填的需要,主体结构外架采用悬挑式脚手架;楼板及柱模板采用木胶合板,支撑体系采用碗扣式支架;核心筒采用大钢模板施工。会后相关部门开始了施工准备工作。

事件二:主体结构施工过程中,施工单位对进场的钢筋按国家现行有关标准抽样检验了抗拉强度、屈服强度。结构施工至4层时,施工单位进场一批72t直径为18mm的HRB400E级钢筋,在此前因同厂家、同牌号的该规格钢筋已连续三次进场检验,均一次检验合格,施工单位对此批钢筋仅抽取一组试件送检,监理工程师认为取样组数不足。

事件三:建筑节能分部工程验收时,由施工单位项目经理主持、施工单位质量负责人以及相关专业的质量检查员参加,总监理工程师认为该验收主持及参加人员均不满足规定,要求重新组织验收。

事件四:该工程交付使用7d后,建设单位委托有资质的检验单位进行室内环境污染检测,在对室内环境的甲醛、氨、苯、甲苯、二甲苯、TVOC浓度进行检测时,检测人员将房间对外门窗关闭30min后进行检测;在对室内环境的氡浓度进行检测时,检测人员将房间对外门窗关闭12h后进行检测。

问题1 依据《住房城乡建设部办公厅关于实施〈危险性较大的分部分项工程安全管理规定〉有关问题的通知》(建办质〔2018〕31号),工程自开工至结构施工完成,施工单位应陆续上报哪些安全专项方案?

【答案】(1)基坑开挖专项施工方案。
(2)基坑支护专项施工方案。
(3)玻璃幕墙安装工程专项施工方案。
(4)石材干挂工程专项施工方案。
(5)塔吊安装与拆卸工程专项施工方案。
(6)双笼外用电梯安装与拆卸工程专项施工方案。
(7)悬挑卸料平台工程专项施工方案。
(8)悬挑式脚手架专项施工方案。

问题 2 事件二中，施工单位还应增加哪些钢筋检测项目？通常情况下钢筋检验批量最大不宜超过多少吨？监理工程师的意见是否正确？并说明理由。

【答案】（1）还应检测：伸长率、重量偏差。

（2）最大不宜超过 60t。

（3）监理工程师的意见：不正确。

理由：同厂家、同牌号、同规格的钢筋连续三次进场检验均一次检验合格时，其后的检验批量可扩大一倍，120t 为一个批次，即 72t 可仅抽取一组试件送检。

问题 3 事件三中，节能分部工程验收应由谁主持？还应有哪些人员参加？

【答案】（1）应由总监理工程师主持。

（2）还需参加节能验收的人员有：

① 施工单位项目技术负责人和节能专业的负责人。

② 施工员。

③ 设计单位项目负责人及节能专业负责人。

④ 节能工程材料供应商。

⑤ 分包单位负责人（若有分包单位时）。

【解析】本问很多考生会按照一般分部工程验收的规定来答题，即按照《建筑工程施工质量验收统一标准》GB 50300—2013 来答题，此时会发现与题目背景参加的人员"相关专业的质量检查员参加"有矛盾，所以本问并不是考核此标准，而是考核《建筑节能工程施工质量验收标准》GB 50411—2019。

问题 4 事件四中，有哪些不妥之处？并分别说明正确说法。

【答案】不妥 1：工程交付使用 7d 后进行室内环境污染检测。

正确做法：室内环境污染检测应在工程完工至少 7d 后，交付使用前进行。

不妥 2：甲醛、氨、苯、甲苯、二甲苯、TVOC 浓度在房间对外门窗关闭 30min 后进行检测。

正确做法：应在房间对外门窗关闭 1h 后进行检测。

不妥 3：氡浓度在房间对外门窗关闭 12h 后进行检测。

正确做法：应在房间对外门窗关闭 24h 后进行检测。

知识点引申

《民用建筑工程室内环境污染控制标准》GB 50325—2020

6.0.1 民用建筑工程及室内装饰装修工程的室内环境质量验收，应在工程完工不少于 7d 后、工程交付使用前进行。

6.0.12 民用建筑工程验收时,应抽检每个建筑单体有代表性的房间室内环境污染物浓度,氡、甲醛、氨、苯、甲苯、二甲苯、TVOC 的抽检量不得少于房间总数的 5%,每个建筑单体不得少于 3 间,当房间总数少于 3 间时,应全数检测。

6.0.13 民用建筑工程验收时,凡进行了样板间室内环境污染物浓度检测且检测结果合格的,其同一装饰装修设计样板间类型的房间抽检量可减半,并不得少于 3 间。

6.0.14 幼儿园、学校教室、学生宿舍、老年人照料房屋设施室内装饰装修验收时,室内空气中氡、甲醛、氨、苯、甲苯、二甲苯、TVOC 的抽检量不得少于房间总数的 50%,且不得少于 20 间。当房间总数不大于 20 间时,应全数检测。

6.0.18 当对民用建筑室内环境中的甲醛、氨、苯、甲苯、二甲苯、TVOC 浓度检测时,装饰装修工程中完成的固定式家具应保持正常使用状态;采用集中通风的民用建筑工程,应在通风系统正常运行的条件下进行;采用自然通风的民用建筑工程,检测应在对外门窗关闭 1h 后进行。

6.0.19 民用建筑室内环境中氡浓度检测时,对采用集中通风的民用建筑工程,应在通风系统正常运行的条件下进行;采用自然通风的民用建筑工程,应在房间的对外门窗关闭 24h 以后进行。Ⅰ类建筑无架空层或地下车库结构时,一、二层房间抽检比例不宜低于总抽检房间数的 40%。

案例模拟题 24

背景资料

某商业办公综合体工程,总建筑面积 90000m²,地下 2 层,商业部分为钢结构,地上 3 层,办公楼为混凝土结构,地上 26 层。

项目开工前,施工单位成立了公司总会计师为组长,预算等部门参加的成本管理领导小组,对该项目进行自上而下的成本管理。

基坑工程施工期间,监理工程师按照《建筑施工安全检查标准》JGJ 59—2011 要求的保证项目和一般项目进行了检查,检查结果见下表。

检查内容	施工方案		降排水	基坑开挖	坑边荷载			支撑拆除	作业环境		合计
满分值	10	10	10	10	10	10	10	10	10	10	100
得分值	10	10	10	9	8	9	8	9	10	9	92

商业部分钢结构工程开始施工时,总承包项目部质量员在巡视中发现,一种首次使用的焊接材料在施焊部位存在焊缝未熔合、未焊透等质量缺陷,钢结构安装单位也无法提供其焊接工艺评定试验报告。总承包项目部要求立即暂停此类焊接材料的焊接作业,待完成焊接工

艺评定后重新申请恢复施工。

办公楼主体结构封顶后，工程监理单位组织相关人员对现场安全防护进行检查。发现个别部位水平洞口安全平网宽度为2.5m，电梯井口设置1.8m的防护门，防护栏杆底部挡脚板高度为15cm。在询问施工现场作业人员在建工程"五临边"具体内容时，均不能完整答出。

问题1 指出该项目成本管理做法是否妥当，说明理由。成本管理领导小组还有哪些部门参加？

【答案】（1）该项目成本管理做法：不妥当。

理由：成本管理领导小组对工程项目的成本管理应该实行自上而下、自下而上的双向管理。

（2）成本管理领导小组参加部门还有：生产、技术、材料、劳资、财务等部门。

知识点引申

施工成本全要素管理从三个方面进行

（1）完善管理制度。
（2）规范管理程序。
（3）落实管理办法。

问题2 写出基坑工程检查内容中的空缺项。安全检查评定等级有哪些？

【答案】（1）空缺项：基坑支护、安全防护、基坑监测、应急预案。
（2）安全检查评定等级：优良、合格、不合格。

问题3 哪些情况需要进行焊接工艺评定试验？焊缝缺陷还有哪些类型？

【答案】（1）需要进行焊接工艺评定试验的情况包括：首次采用的钢材、焊接材料、焊接方法、接头形式、焊接位置、焊后热处理等各种参数及参数的组合。
（2）焊缝缺陷类型还有：裂纹、孔穴、固体夹杂、形状缺陷、其他缺陷（电弧擦伤、飞溅、表面撕裂）。

问题4 指出安全防护做法的不妥之处并改正。写出"五临边"内容。

【答案】（1）安全防护做法的不妥之处并改正：

不妥1：平网宽度为2.5m。

正确做法：平网的宽度不应小于3m。

不妥2：防护栏杆底部挡脚板高度为15cm。

正确做法：挡脚板高度不应低于18cm。

(2) "五临边"是指：楼面临边、屋面临边、平台或阳台临边、升降口临边、基坑临边。

案例模拟题 25

背景资料

沿海地区某综合楼工程，地下3层，地上20层，总建筑面积68000m²，现浇钢筋混凝土框架-剪力墙结构。

某施工单位中标后，由公司合约管理部门牵头对拟签订的施工合同条款进行评审，审核了合同签约主体，是否存在签订黑白合同等主要事项后，与建设单位签订了施工承包合同。合同约定建设单位于开工后一个月内支付30%的安全生产费用，竣工决算后结余部分由双方对半分配。

施工总承包单位依据"四比一算"原则，与地砖供应商签订物资采购合同，合同标的规定了地砖的名称、等级、技术标准等内容。

外用电梯安装完毕后，监理单位验收时发现底笼周围2.0m范围内设置了防护栏杆，进出口处的上部根据电梯高度搭设了足够尺寸和强度的防护棚，各层站过桥和运输通道两侧设置了安全防护栏杆，进出口处设置了常开型的防护门，各层设置了联络信号。监理单位要求整改，并在验收合格60d内由监理工程师到当地建设行政主管部门进行了使用登记。

在施工过程中，当地遭遇罕见强台风，导致项目发生如下情况：

① 整体中断施工24d。

② 施工人员大量窝工，发生窝工费用88.4万元。

③ 工程清理及修复发生费用30.7万元。

④ 为提高后续抗台风能力，部分设计进行变更，经估算涉及费用22.5万元，该变更不影响总工期。

施工单位就此四项损失及时向建设单位提出索赔。

问题1 合同评审的主要事项还有哪些？合同对安全生产费用的约定有哪些不妥，说明理由。

【答案】1. 合同评审的主要事项还有：

(1) 保证待签合同文本与招标文件、投标文件的一致性。

(2) 采用通用合同示范文本，完整填写合同内容。

(3) 审查合同重要条款。

2. 安全生产费用不妥之处及理由。

不妥1：开工后一个月内支付30%的安全生产费用。

理由：应支付至少50%的安全生产费用。

不妥2：结余部分由双方对半分配。

理由：应退回建设单位。

> 知识点引申

施工承包合同

（1）合同管理工作包括：合同订立、合同备案、合同交底、合同履行、合同变更、争议与诉讼、合同分析与总结。

（2）合同管理的原则有：依法履约、诚实信用、全面履行、协调合作、维护权益、动态管理、合同归口管理、全过程合同风险管理、统一标准化。

（3）施工总承包范围一般包括：土建、装饰装修、机电、通风空调、电梯安装、园林、绿化、市政等工程。

（4）保证待签合同文本与招标文件、投标文件的一致性要求包括合同内容、承包范围、工期、造价、计价方式、质量要求等实质性内容。

问题2 写出物资采购的"四比一算"原则内容，物资采购合同中的标的内容还有哪些？

【答案】（1）"四比一算"原则：比质量、比价格、比运距、比服务、算成本。

（2）物资采购合同中的标的内容还有：牌号、商标、品种、型号、规格、花色、质量要求。

问题3 指出外用电梯的不妥之处，写出正确做法。

【答案】不妥1：底笼周围2.0m范围内设置防护栏杆。

正确做法：应在周围2.5m范围内设置。

不妥2：各层站过桥和运输通道两侧仅设置安全防护栏杆。

正确做法：还应设挡脚板，并用密目式安全立网封闭。

不妥3：常开型的防护门。

正确做法：应设置常闭型的防护门。

不妥4：验收合格60d内进行使用登记。

正确做法：应在30d内进行使用登记。

不妥5：监理工程师去建设行政主管部门办理使用登记。

正确做法：应由使用单位（施工单位）办理。

问题 4　针对施工单位提出的四项索赔，分别判断是否成立。

【答案】索赔项 1：24d 工期索赔成立。
　　　　索赔项 2：窝工费用 88.4 万元索赔不成立。
　　　　索赔项 3：工程清理及修复费用 30.7 万元索赔成立。
　　　　索赔项 4：设计变更费用 22.5 万元索赔成立。

案例模拟题 26

背景资料

某企业新建研发中心大楼工程，地下 1 层，地上 16 层，现浇混凝土结构，总建筑面积 28000m²。

工程开工前，施工单位的项目技术负责人主持编制了施工组织设计，经项目负责人审核、施工单位技术负责人审批后，报项目监理机构审查。监理工程师认为该施工组织设计的编制、审核（批）手续不妥，要求改正。施工组织设计按照绿色施工关于"四节一环保"的具体要求，强调对临时用电设施等节能项目进行现场管理。

基础底板大体积混凝土浇筑完毕后按规定进行保温保湿养护。第 3d 时，对里表温差按照每 8h 进行一次测试，测温显示混凝土内部温度 70℃，混凝土表面温度 35℃。养护结束时，底板表面温度与环境最大温差为 23℃，为后续工作尽快实施，拆除了表面的保温覆盖层。

项目部对装饰装修工程门窗子分部进行过程验收中，检查了塑料门窗安装等各分项工程，并验收合格；检查了外窗气密性能等有关安全和功能检测项目合格报告，观感质量符合要求。

问题 1　指出施工组织设计编制、审核、审批程序的不妥之处，并写出正确做法。施工单位还有哪些人员具备审批单位工程施工组织设计的资格？

【答案】（1）不妥之处及正确做法：
　　　　不妥 1：施工单位的项目技术负责人主持编制施工组织设计。
　　　　正确做法：由项目负责人主持编制。
　　　　不妥 2：施工组织设计由项目负责人审核。
　　　　正确做法：应由施工单位主管部门（技术部门）审核。
（2）施工单位技术负责人授权的技术人员也可审批单位工程施工组织设计。

问题2 根据绿色施工关于"四节一环保"的具体要求,节能在现场管理方面还有哪些?

【答案】(1)机械设备。
(2)临时设施。
(3)材料运输与施工。

知识点引申

绿色施工内容	现场管理方面的体现
节能	临时用电设施、机械设备、临时设施、材料运输与施工
节材	材料选择、材料节约、资源再生利用
节水	节约用水、水资源的利用
节地	节约用地、保护用地
环境保护	资源保护、人员健康、扬尘控制、废气排放、建筑垃圾处置、污水排放、光污染、噪声控制

问题3 指出基础底板大体积混凝土浇筑、测温及养护的不妥之处,并说明正确做法。

【答案】不妥1:每8h进行一次里表温差测试。
正确做法:混凝土浇筑后1~4d,每4h不应少于1次温控指标测试。
不妥2:混凝土内部温度70℃,混凝土表面温度35℃。
正确做法:混凝土里表温差不宜大于25℃。
不妥3:拆除保温覆盖层时底板表面与大气温差为23℃。
正确做法:拆除保温覆盖层时,表面与大气温差不应大于20℃。

知识点引申

大体积混凝土浇筑体温控指标
依据《混凝土结构工程施工规范》GB 50666—2011 中的 8.7 条

大体积混凝土浇筑体里表温差、降温速率及环境温度与温度应变的测试,在混凝土浇筑后 1~4d,每 4h 不应少于 1 次;5~7d,每 8h 不应少于 1 次;7d 后,每 12h 不应少于 1 次,直至测温结束。温控指标宜符合下列规定:

(1)混凝土浇筑体的入模温度不宜大于30℃,最大温升值不宜大于50℃。
(2)混凝土浇筑体的里表温差不宜大于25℃。
(3)混凝土浇筑体的降温速率不宜大于2.0℃/d。
(4)混凝土浇筑体的表面与大气温差不宜大于20℃。

问题 4 门窗子分部工程中还包括哪些分项工程？门窗工程有关安全和功能检测的项目还有哪些？

【答案】1. 门窗子分部工程包括的分项工程还有：
（1）木门窗安装。
（2）金属门窗安装。
（3）特种门安装。
（4）门窗玻璃安装。

2. 门窗工程有关安全和功能检测的项目还有：
（1）外窗的水密性能。
（2）外窗的抗风压性能。

案例模拟题 27

背景资料

某新建办公楼，地下 2 层，1.2m 厚筏板基础，地上 26 层，框架-剪力墙结构。

基坑开挖前，施工单位委托具有相应资质的第三方对基坑工程进行现场监测，监测单位编制了监测方案，明确了达到变形预警值等情形时立即进行预警。监测方案经建设方、监理方认可后开始实施。

施工总承包单位项目部在签订设备供应合同时，尤其注意设备价格、设备数量等条款。并在设备供应合同后对设备数量附详细清单，列明成套设备名称、数量等内容。

框架柱箍筋采用 $\phi 8$ 盘卷钢筋冷拉调直后制作，经测算，其中 KZ1 的箍筋每套下料长度为 2350mm。

监理单位现场安全巡视发现，外墙上某竖向落地洞口（600mm×1600mm）、楼地面上某水平洞口（1600mm×2000mm）的安全防护措施不妥，要求施工单位责令改正。

问题 1 基坑监测管理工作有哪些不妥之处？说明理由。基坑应立即进行预警的情形还有哪些？

【答案】1. 不妥之处及理由：
不妥 1：施工单位委托基坑监测单位。
理由：应由建设单位委托。
不妥 2：监测方案经建设方、监理方认可后实施。
理由：应经建设方、设计方认可后实施。

2. 应立即进行预警的情形还有：
（1）出现流沙、管涌、隆起、陷落。

(2) 基坑支护结构出现大的变形。

(3) 基坑周边环境出现大的变形。

问题2 设备供应合同签订时，还需注意哪些条款？设备数量的详细清单中还应列明哪些内容？

【答案】（1）还需注意的问题：技术标准、现场服务、验收和保修。

（2）设备数量的详细清单还应列明：随主机的辅机、附件、易损耗备用品、配件和安装修理工具。

问题3 在不考虑加工损耗和偏差的前提下，列式计算100m长$\phi 8$盘卷钢筋经冷拉调直后，最多能加工多少套KZ1的柱箍筋？

【答案】$100\times(1+4\%)/(2350\div 1000)=44$套

【解析】本问考核的是盘卷钢筋采用冷拉调直时的最大伸长率规定。盘卷钢筋采用冷拉调直时，HPB300光圆钢筋的冷拉率不宜大于4%，HRB400、HRB500、HRB600级带肋钢筋的冷拉率不宜大于1%。考生们一定要注意的是，如果题目背景说的是采用无延伸功能的机械设备进行调直，那就不需考虑伸长率。

问题4 指出背景资料中两个洞口的防护措施。

【答案】（1）竖向落地洞口：临空一侧设置高度不小于1.2m的防护栏杆，并应采用密目式安全立网或工具式栏板封闭，设置挡脚板。

（2）水平洞口：在洞口作业侧设置高度不小于1.2m的防护栏杆，洞口应采用安全平网封闭。

知识点引申

洞口防护

依据《建筑施工高处作业安全技术规范》JGJ 80—2016

4.2.1 在洞口作业时，应采取防坠落措施，并应符合下列规定：

1 当竖向洞口短边边长小于500mm时，应采取封堵措施；当竖向洞口短边边长大于或等于500mm时，应在临空一侧设置高度不小于1.2m的防护栏杆，并应采用密目式安全立网或工具是栏板封闭，设置挡脚板。

2 当非竖向洞口短边边长为25～500mm时，应采用承载力满足使用要求的盖板覆盖，盖板四周搁置应均衡，且应防止盖板移位。

3 当非竖向洞口短边边长为500～1500mm时，应采用盖板覆盖或防护栏杆等措施，并应固定牢固。

4 当非竖向洞口短边边长大于或等于1500mm时，应在洞口作业侧设置高度不小于1.2m的防护栏杆，洞口应采用安全平网封闭。

案例模拟题 28

背景资料

某高校新建教学及科研楼工程,均为地下1层,地上6层,钢筋混凝土框架结构,采用悬臂式排桩作为基坑支护结构,科研楼电梯安装工程为建设单位指定分包,施工总承包单位按规定在土方开挖过程中实施桩顶位移监测并设定了监测预警值。

施工过程中,发生了下列事件:

事件一:为控制成本,现场围墙分段设计,实施全封闭式管理。即东、南两面紧邻市区主要路段设计为1.8m高砖围墙,并按市容管理要求进行美化;西、北两面紧邻居民小区一般路段,设计为1.8m高普通钢围挡。部分围挡占据了交通路口。

事件二:土方开挖时,在支护桩顶设置了0.9m高的基坑临边安全防护栏杆;栏杆底部设置15cm高的挡脚板。挖土过程中,发现支护桩顶向坑内发生的位移超过预警值,现场立即停止挖土作业,并在坑壁增设锚杆以控制桩顶位移。

事件三:在主体结构施工前,与主体结构施工密切相关的某国家标准发生修改并已开始实施,现场监理机构要求施工单位修改施工组织设计,重新审批后才能组织实施,被施工单位拒绝。

事件四:电梯安装工程早于装饰装修工程完工,提前由总监理工程师组织验收,总承包单位未参加,验收后电梯安装单位将电梯工程相关资料移交建设单位。整体工程完成时,电梯安装单位已撤场,由建设单位组织,监理、设计、总承包单位参与进行了单位工程质量验收。

问题1 事件一中,分别说明现场砖围墙和普通钢围挡设计高度是否妥当?说明理由。交通路口占据道路的围挡还要采取哪些措施?

【答案】(1)围挡高度:
　　① 砖围墙1.8m高,不妥当。
　　理由:市区主要路段的施工现场围挡高度不应小于2.5m。
　　② 普通钢围挡1.8m高,妥当。
　　理由:一般路段围挡高度不应小于1.8m。
(2)距离交通路口20m范围内占据道路施工设置的围挡,其0.8m以上部分应采用通透性围挡,并应采取交通疏导和警示措施。

问题2 分别指出事件二中错误之处,并写出正确做法。针对该事件中的桩顶位移问题,还可采取哪些应急措施?

【答案】(1)错误之处及正确做法。

错误1：在支护桩顶设临边安全防护栏杆。

正确做法：防护栏杆在基坑四周固定时，钢管离基坑边口的距离不应小于50cm。

错误2：基坑临边安全防护栏杆设置0.9m高。

正确做法：防护栏杆应设置1.0~1.2m高。

错误3：挡脚板高度为15cm。

正确做法：挡脚板高度不低于18cm。

(2) 桩顶位移采取的应急措施还有：加设支撑、支护墙背卸载、加快垫层施工、加厚垫层。

知识点引申

防护栏杆

(1) 防护栏杆应由上、下2道横杆及栏杆柱组成，上杆离地高度为1.0~1.2m，下杆离地高度为0.5~0.6m。除经设计计算外，横杆长度大于2m时，必须加设栏杆柱。

(2) 当栏杆在基坑四周固定时，可采用钢管打入地面50~70cm深，钢管离边口的距离不应小于50cm。当基坑周边采用板桩时，钢管可打在板桩外侧。

(3) 防护栏杆必须自上而下用安全立网封闭，或在栏杆下边设置高度不低于18cm的挡脚板或40cm的挡脚笆，板与笆下边距离底面的空隙不应大于10mm。

问题3 事件三中，施工单位拒绝修改施工组织设计的做法是否合理？哪些情况发生后需要修改施工组织设计并重新审批？

【答案】(1) 施工单位拒绝修改施工组织设计：不合理。

(2) 需要修改施工组织设计并重新审批的情况有：
① 工程设计有重大修改。
② 有关法律、法规、规范和标准实施、修订和废止。
③ 主要施工方法有重大调整。
④ 主要施工资源配置有重大调整。
⑤ 施工环境有重大改变。

问题4 事件四中存在哪些错误，正确的做法是什么？

【答案】错误1：总承包单位未参加电梯安装工程验收。

正确做法：电梯安装工程验收总承包单位必须参加。（或：分部工程验收时总承包单位必须参加）

错误2：电梯安装单位将电梯工程资料移交建设单位。

正确做法：电梯安装单位应将电梯工程资料移交总承包单位。

错误 3：参加单位工程质量验收的单位不齐。

正确做法：勘察单位和电梯安装单位也应参加单位工程质量验收。

案例模拟题 29

背景资料

某教学楼工程，建筑面积 $68000m^2$，地下 1 层，地上 5~7 层，主体为混凝土框架结构。施工单位进场后，项目经理组织编制了《某教学楼施工组织设计》，经批准后开始施工。

施工过程中，发生如下事件：

事件一：该施工单位组织编制深基坑开挖专项施工方案，内容包括：工程概况、编制依据、施工计划、施工工艺技术、计算书及图纸。经专家论证，补充有关内容后按程序通过了审批。

事件二：结构施工至第 3 层时，工期严重滞后。为保证工期，A 劳务公司将部分工程分包给了另一家有相应资质的 B 劳务公司，B 劳务公司进场工人 100 人。因场地狭窄，B 劳务公司将工人安排在本工程地下室居住。工人上岗前，项目部安全员向施工作业班组进行了安全技术交底，双方签字确认。

事件三：结构施工期间，项目有 150 人参与施工，项目部组建了 10 人的义务消防队，楼层内配备了消防立管和消防箱，消防箱内消防水管长度达 20m；在临时搭建的 $95m^2$ 钢筋加工棚内，配备了 2 只 10L 的灭火器。

事件四：工程验收前，相关单位对一间 $240m^2$ 的公共教室选取 4 个检测点，进行了室内环境污染物浓度的测试，其中两个主要指标的检测数据如下：

点位	1	2	3	4
甲醛（mg/m^3）	0.08	0.06	0.05	0.05
氨（mg/m^3）	0.20	0.15	0.15	0.14

问题 1 事件一中深基坑开挖专项施工方案应补充哪些内容？

【答案】深基坑开挖专项施工方案还应补充的内容包括：

(1) 施工安全保证措施。

(2) 施工管理及作业人员配备和分工。

(3) 验收要求。

(4) 应急处置措施。

问题2 指出事件二中的不妥之处，并分别说明理由。

【答案】不妥1：A劳务公司将部分工程分包给B劳务公司。
理由：劳务分包单位再分包行为，属于违法分包。
不妥2：B劳务公司将工人安排在本工程地下室居住。
理由：在建工程内严禁住人。
不妥3：安全员向施工作业班组进行安全技术交底。
理由：应由施工负责人进行安全技术交底。
不妥4：双方签字确认。
理由：应由交底人、被交底人、专职安全员进行签字确认

知识点引申

安全技术交底
依据《建筑施工安全检查标准》JGJ 59—2011

（1）施工负责人在分派生产任务时，应对相关管理人员、施工作业人员进行书面安全技术交底。

（2）安全技术交底应按施工工序、施工部位、施工栋号分部分项进行。

（3）安全技术交底应结合施工作业场所状况、特点、工序，对危险因素、施工方案、规范标准、操作规程和应急措施进行交底。

（4）安全技术交底应由交底人、被交底人、专职安全员进行签字确认。

问题3 指出事件三中有哪些不妥之处，写出正确做法。

【答案】不妥1：项目部组建10人的义务消防队。
正确做法：义务消防队人数不少于施工总人数的10%，本项目150人参与施工，应组建不少于15人的义务消防队。
不妥2：消防箱内消防水管长度达20m。
正确做法：消防箱内消防水管长度应不小于25m。

附加题目：
（1）96m^2的钢筋加工棚和木材加工棚，消防器材如何配备？
（2）104m^2的钢筋加工棚和木材加工棚，消防器材如何配备？
（3）1230m^2的钢筋加工棚和木材加工棚，消防器材如何配备？

知识点引申

消防器材的配备

（1）临时搭设的建筑物区域内每100m^2配备2只10L灭火器。

(2) 大型临时设施总面积超过1200m²时,应配有专供消防用的太平桶、积水桶(池)、黄砂池。

(3) 临时木料间、油漆间、木工机具间等,每25m²配备1只灭火器。

(4) 消防水源进水口一般不应少于两处。

(5) 消防箱内消防水管长度不小于25m。

问题4 事件四中,该房间检测点的选取数量是否合理?说明理由。该房间两个主要指标的报告检测值为多少?分别判断该两项检测指标是否合格?说明理由。

【答案】(1) 检测点的选取数量:合理。

理由:房间使用面积大于等于100m²、小于500m²时,检测点不应少于3个。背景资料设置4个监测点,满足不应少于3个的规定。

(2) 检测值:

甲醛检测值:$(0.08+0.06+0.05+0.05)/4=0.06 mg/m^3$

氨检测值:$(0.20+0.15+0.15+0.14)/4=0.16 mg/m^3$

(3) 判断:

① 甲醛检测值指标:合格。

理由:Ⅰ类民用建筑工程甲醛浓度限量$\leq 0.07 mg/m^3$。

② 氨检测值指标:不合格。

理由:Ⅰ类民用建筑工程氨浓度限量$\leq 0.15 mg/m^3$。

案例模拟题 30

背景资料

某办公楼工程,建筑面积6800m²,框架结构,基础工程分为两个流水施工段组织流水施工,根据工期要求编制了该基础工程的施工进度计划,并绘制了施工双代号网络计划图(时间单位:d),如下图所示:

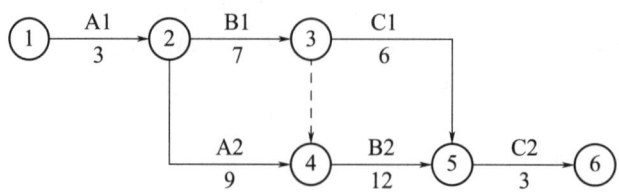

问题 1 指出基础工程网络计划的关键线路(用工作名称表示),写出该基础工程计划工期。

【答案】关键线路:A1→A2→B2→C2。

计划工期:3+9+12+3 = 27d。

问题 2 按照双代号网络图绘制流水施工横道图。

【答案】(1)绘制流水节拍表

	施工段一	施工段二
施工过程 A	3	9
施工过程 B	7	12
施工过程 C	6	3

(2)施工过程时间累加

	施工段一	施工段二
施工过程 A 累加	3	12
施工过程 B 累加	7	19
施工过程 C 累加	6	9

(3)错位相减取大

$$\begin{array}{r} K_{A-B} \quad 3 \quad 12 \\ -\quad 7 \quad 19 \\ \hline 3 \quad 5 \quad -19 \end{array}$$

$K_{A-B} = 5d$

$$\begin{array}{r} K_{B-C} \quad 7 \quad 19 \\ -\quad 6 \quad 9 \\ \hline 7 \quad 13 \quad -9 \end{array}$$

$K_{B-C} = 13d$

(4)绘制流水施工横道图

分项	2	4	6	8	10	12	14	16	18	20	22	24	26	28
A	①				②									
B					①			②						
C										①			②	

案例模拟题 31

背景资料

某装配式混凝土建筑，采用施工总承包模式，工期1年，图纸完备，采用工程量清单计价，某施工单位中标后按约定签订固定总价合同。

合同工程量清单报价中写明：外墙面瓷砖面积为1000m^2，综合单价为110元/m^2。施工过程中，建设单位调换了瓷砖的规格型号，实际综合单价为150元/m^2，该分项工程施工完成后，经监理工程师实测确认瓷砖粘贴面积为1200m^2，但建设单位尚未确认该变更单价，施工单位用挣值法进行了成本分析。

施工单位针对现场存在的粉尘等常见职业危害，预留职业病防治费用，严格按照规定使用。现场油漆工均在规定的时间内进行了职业健康检查。

施工结束后，办公楼外脚手架按东、南、西、北四个立面分片进行拆除，先拆除南北面积比较大的两个立面，再拆除东西两个立面。为了快速拆除架体，工人先将大部分连墙件逐个拆除后，再统一拆除架管。同层杆件和构配件按照先内后外的顺序拆除。

问题1 该工程采用固定总价合同是否合理，请说明理由。

【答案】该工程采用固定总价合同：合理。

理由：固定总价合同适用于规模小、技术难度小、工期短（一般在1年以内）的工程项目。本项目为装配式混凝土建筑，技术难度比较小，同时工期为1年，满足固定总价合同的适用条件。

问题2 计算墙面瓷砖粘贴分项工程的 BCWS、BCWP、ACWP、CV，并分析成本状况。

【答案】（1）BCWS＝计划工作量×预算单价＝1000m^2×110元/m^2＝11万元

（2）BCWP＝已完工作量×预算单价＝1200m^2×110元/m^2＝13.2万元

（3）ACWP＝已完工作量×实际单价＝1200m^2×150元/m^2＝18万元

（4）CV＝BCWP－ACWP＝13.2－18＝－4.8万元

（5）费用偏差为负值，表示费用超支。

问题3 职业病防治费用的用途有哪些？写出油漆工职业健康检查的具体时间。

【答案】（1）职业病防治费用的用途包括：预防和治理职业病危害、工作场所卫生检测、健康监护、职业卫生培训。

（2）油漆工职业健康检查的时间：上岗前、在岗期间、离岗时。

> 知识点引申

施工生产职业病防治管理措施

（1）应书面告知劳动者工作场所或工作岗位所产生或可能产生的职业病危害因素、危害后果和应采取的职业病防护措施。

（2）应对劳动者进行上岗前的职业卫生培训和在岗期间的定期职业卫生培训。

（3）对从事接触职业病危害作业的劳动者，应组织上岗前、在岗期间和离岗时的职业健康检查。

（4）用于预防和治理职业病危害、工作场所卫生检测、健康监护和职业卫生培训等的费用，应在生产成本中据实列支，专款专用。

> 问题 4　脚手架拆除作业存在哪些不妥之处？并简述正确做法。

【答案】不妥1：先拆南北立面后拆东西立面脚手架。
　　　　正确做法：脚手架拆除应按步逐层进行。
　　　　不妥2：先将连墙件拆除后，再一起拆除架管。
　　　　正确做法：连墙件必须随脚手架逐层、同步拆除，严禁先将连墙件整层拆除后再拆脚手架。
　　　　不妥3：同层杆件和构配件按照先内后外的顺序拆除。
　　　　正确做法：应按先外后内顺序拆除。

> 知识点引申

依据《施工脚手架通用规范》GB 55023—2022

5.4.2　脚手架的拆除作业应符合下列规定：

1　架体拆除应按自上而下的顺序按步逐层进行，不应上下同时作业。

2　同层杆件和构配件应按先外后内的顺序拆除；剪刀撑、斜撑杆等加固杆件应在拆卸至该部位杆件时拆除。

3　作业脚手架连墙件应随架体逐层、同步拆除，不应先将连墙件整层或数层拆除后再拆架体。

4　作业脚手架拆除作业过程中，当架体悬臂段高度超过2步时，应加设临时拉结。

案例模拟题 32

背景资料

某新建项目包括四栋装配式混凝土住宅、一栋现浇混凝土框架-剪力墙结构办公楼和三栋商业建筑,建筑面积166000m²。采用工程量清单计价方式招投标,建设单位按照工程量清单计价的规范性特点,在招标文件中对计价方式、计价风险等均做出了统一规定和标准。最终某施工单位中标,签订施工合同后即进场施工。

装配式混凝土住宅预制外墙板施工完毕后,对预埋件、与主体结构之间的连接节点等进行了隐蔽工程验收。外墙板接缝防水密封材料嵌填时,监理工程师要求嵌填质量务必饱满、密实、均匀。

现场钢筋加工过程中,钢筋工采用弯曲机对两端进行弯钩加工。

现场组织安全检查时,发现模板工程的地基基础承载力不满足设计要求,判定为重大事故隐患。

问题1 工程量清单计价的特点还有哪些?按照规范性的要求,还有哪些方面需做统一规定和标准?

【答案】(1)工程量清单计价的特点还有:强制性、统一性、完整性、竞争性、法定性。

(2)需做统一规定和标准还有:分部分项工程量清单编制、招标控制价的编制与复核、投标价的编制与复核、合同价款调整、工程计价表格式。

问题2 装配式住宅楼外围护部品隐蔽工程验收的对象还有哪些?接缝防水密封材料嵌填质量要求还有哪些?

【答案】1. 外围护部品隐蔽工程验收的对象还有:
(1)与主体结构之间的封堵构造节点。
(2)变形缝及墙面转角处的构造节点。
(3)防雷装置。
(4)防火构造。
2. 接缝防水密封材料嵌填质量要求还有:顺直、表面平滑、厚度符合设计要求。

知识点引申

外围护部系统应进行下列现场试验和测试:
(1)饰面砖(板)的粘结强度测试。

(2) 墙板接缝处及门窗安装部位的现场淋水试验。
(3) 现场隔声测试。
(4) 现场传热系数测试。

问题 3 钢筋弯曲还可以用哪些工具？钢筋加工还包括哪些？

【答案】（1）钢筋弯曲还可以用：四头弯筋机、手工弯曲工具。
(2) 钢筋加工还包括：调直、除锈、下料切断、接长等。

问题 4 模板工程还有哪些情形也应判定为重大事故隐患？

【答案】（1）模板工程的地基基础变形不满足设计要求。
(2) 模板支架承受的施工荷载超过设计值。
(3) 模板支架拆除及滑模、爬模爬升时，混凝土强度未达到设计或规范要求。

案例模拟题 33

背景资料

某项目通过调研分析，了解到外墙的功能主要是抵抗水平力（F_1）、挡风防雨（F_2）、隔热防寒（F_3）。现有设计方案为陶粒混凝土板，成本是 345 万元，其中抵抗水平力的功能占成本的 60%，挡风防雨的功能占成本的 16%，隔热防寒的功能占造价成本的 24%。这三项功能的重要程度比为 $F_1:F_2:F_3 = 6:1:3$。

问题：对该现有方案做出评价。如果限额设计目标成本为 320 万元，每项功能的成本改进期望值是多少？每个功能的成本控制如何进行？

【答案】（1）计算功能评价系数。

功能	重要度比值	得分	功能评价系数
F_1	$F_1:F_2:F_3 = 6:1:3$	6	0.6
F_2		1	0.1
F_3		3	0.3
合计		10	1

（2）计算价值系数。

功能	功能评价系数	成本系数	价值系数
F_1	0.6	0.6	1.0
F_2	0.1	0.16	0.625
F_3	0.3	0.24	1.25

由上表计算结果可知，抵抗水平的功能与成本匹配较好；挡风防雨的功能不太重要，应降低成本；隔热防寒的功能比较重要，应适当增加成本。

（3）计算成本改进期望值。

功能	功能评价系数 ①	成本系数 ②	目前成本 ③=345×②	目标成本 ④=320×①	成本改进期望值 ⑤=③-④
F_1	0.6	0.6	207.0	192	15
F_2	0.1	0.16	55.2	32	23.2
F_3	0.3	0.24	82.8	96	-13.2

注：目标成本状态下，价值系数等于1。

（4）每个功能的成本控制。

　　首先：降低 F_2 的成本，降低23.2万元。

　　其次：降低 F_1 的成本，降低15万元。

　　最后：增加 F_3 的成本，增加13.2万元。

第3部分 二建经典选择题

1 建筑设计构造要求

备注：4个选项统一为单选题，5个选项统一为多选题，下同。

➢ **建筑物分类**

1. 下列建筑中，属于公共建筑的有（　　）。
   A. 宾馆　　　　　　　　　　　　　B. 医院
   C. 宿舍　　　　　　　　　　　　　D. 厂房
   E. 车站

2. 下列选项中，属于居住建筑的有（　　）。
   A. 写字楼　　　　　　　　　　　　B. 宿舍
   C. 住宅　　　　　　　　　　　　　D. 宾馆
   E. 医院

3. 建筑高度60m的住宅属于（　　）。
   A. 单层建筑　　B. 多层建筑　　C. 高层建筑　　D. 超高层建筑

4. 按照民用建筑分类标准，属于超高层建筑的是（　　）。
   A. 高度50m的建筑　　　　　　　　B. 高度70m的建筑
   C. 高度90m的建筑　　　　　　　　D. 高度110m的建筑

5. 建筑物结构体系承受竖向荷载和侧向荷载，并将其传至（　　）。
   A. 地基　　B. 楼面　　C. 屋面　　D. 地面

6. 建筑物的围护体系包括（　　）。
   A. 屋面　　　　　　　　　　　　　B. 外墙
   C. 内墙　　　　　　　　　　　　　D. 外门
   E. 外窗

【答案】 1. ABE　2. BC　3. C　4. D　5. A　6. ABDE

建筑构造要求

1. 下列建筑构造影响因素中，属于技术因素的是（   ）。
   A. 化学腐蚀　　　　B. 地下水　　　　C. 建筑材料　　　　D. 装修标准
2. 建筑构造设计的原则有（   ）。
   A. 坚固实用　　　　　　　　　　　B. 技术先进
   C. 经济合理　　　　　　　　　　　D. 视野开阔
   E. 美观大方
3. 某住宅楼位于建筑高度控制区内，其室外地面标高为－0.3m，屋面面层标高为24.0m，女儿墙标高为25.2m，出屋面楼梯间屋顶最高点标高为26.7m，则该工程的建筑高度为（   ）。
   A. 24.3m　　　　　B. 25.5m　　　　　C. 26.7m　　　　　D. 27.0m
4. 下列建筑物需设置避难层的是（   ）。
   A. 建筑高度120m的酒店　　　　　B. 建筑高度90m的办公楼
   C. 建筑高度80m的医院　　　　　　D. 建筑高度60m的住宅
5. 下列民用建筑防护栏杆的做法，正确的是（   ）。
   A. 临空高度10m内天井栏杆高度1.0m
   B. 临空高度25m阳台栏杆高度1.05m
   C. 医院建筑临开敞中庭栏杆高度1.15m
   D. 上人屋面临开敞中庭栏杆高度1.2m
6. 学校临开敞中庭的栏杆高度最低限值是（   ）m。
   A. 0.90　　　　　　B. 1.05　　　　　　C. 1.10　　　　　　D. 1.20
7. 关于楼梯空间尺度要求的说法，正确的有（   ）。
   A. 应至少一侧设扶手
   B. 梯段净宽达三股人流时应两侧设扶手
   C. 梯段净宽达四股人流时宜加设中间扶手
   D. 每个梯段踏步不应少于3级
   E. 扶手高度不应小于0.9m

【答案】1. C　2. ABCE　3. D　4. A　5. D　6. D　7. AB

建筑室内物理环境技术要求

1. 公共建筑外窗的可开启面积要求不小于外窗总面积的（   ）。
   A. 25%　　　　　　　　　　　　　B. 30%
   C. 35%　　　　　　　　　　　　　D. 40%
2. 关于住宅室内等效连续A声级的要求，正确的有（   ）。
   A. 昼间卧室内不应大于45dB　　　B. 昼间卧室内不应大于50dB
   C. 夜间卧室内不应大于37dB　　　D. 起居室内不应大于45dB
   E. 起居室内不应大于50dB

3. 关于围护结构保温层的说法，正确的是（   ）。
A. 间歇空调的房间宜采用外保温　　B. 连续空调的房间宜采用内保温
C. 旧房改造，外保温效果最好　　　D. 内保温可提高结构的耐久性

【答案】1. B　2. ACD　3. C

➢ 建筑隔震减震设计构造要求

1. 需要进行特殊设防的建筑与市政工程，抗震设防类别属于（   ）类。
A. 甲　　　　　　B. 乙　　　　　　C. 丙　　　　　　D. 丁
2. 关于框架结构震害的说法，正确的有（   ）。
A. 柱的震害重于梁　　　　　　　　B. 柱顶的震害重于柱底
C. 内柱的震害重于角柱　　　　　　D. 短柱的震害重于一般柱
E. 多层房屋的楼盖震害重于墙身
3. 砌体结构楼梯间抗震措施正确的是（   ）。
A. 采用悬挑式踏步楼梯　　　　　　B. 9度设防时采用装配式楼梯段
C. 楼梯栏板采用无筋砖砌体　　　　D. 出屋面楼梯间构造柱与顶部圈梁连接
4. 当消能器采用支撑型连接时，不宜采用（   ）布置。
A. 单斜支撑　　　B. 人字形　　　　C. V字形　　　　D. K字形
5. 消能器与主体结构的连接形式包括（   ）。
A. 支撑型　　　　B. 墙型　　　　　C. 门架式
D. 悬臂式　　　　E. 柱型
6. 建筑消能减震消能器应由（   ）检测。
A. 监理单位　　　　　　　　　　　B. 具备资质的第三方
C. 施工单位　　　　　　　　　　　D. 生产厂家
7. 消能器与支撑结构之间的连接方式，错误的是（   ）。
A. 高强度螺栓连接　　　　　　　　B. 销轴连接
C. 铆接　　　　　　　　　　　　　D. 焊接

【答案】1. A　2. ABD　3. D　4. D　5. ABCE　6. B　7. C

2 建筑结构设计与构造要求

备注：4个选项统一为单选题，5个选项统一为多选题，下同。

➢ 建筑结构体系和可靠性要求

1. 住宅建筑最适合的结构体系是（   ）。
A. 网架结构　　　B. 筒体结构　　　C. 混合结构　　　D. 悬索结构

2. 常用建筑结构体系中，应用高度最高的结构体系是（   ）。
   A. 筒体结构   B. 剪力墙结构
   C. 框架-剪力墙结构   D. 框架结构
3. 关于剪力墙结构优点的说法，正确的有（   ）。
   A. 结构自重大   B. 水平荷载作用下侧移小
   C. 侧向刚度大   D. 间距小
   E. 平面布置灵活
4. 某厂房在经历强烈地震后，其结构仍能保持整体稳定而不发生倒塌，此项功能属于结构的（   ）。
   A. 安全性   B. 适用性   C. 耐久性   D. 稳定性
5. 下列装修做法形成的荷载作用，属于线荷载的有（   ）。
   A. 铺设地砖   B. 增加隔墙
   C. 封闭阳台   D. 安放假山
   E. 悬挂吊灯
6. 装饰工程中宴会厅安装的大型吊灯，其荷载类别属于（   ）。
   A. 面荷载   B. 线荷载   C. 集中荷载   D. 特殊荷载
7. 下列装饰构造中，通常按线荷载考虑的是（   ）。
   A. 分区隔墙   B. 地砖饰面   C. 大型吊灯   D. 种植盆景
8. 在室内装饰装修过程中，属于集中荷载的有（   ）。
   A. 石柱   B. 吊灯   C. 局部假山
   D. 盆景   E. 室内隔墙
   注：选项 D 必须加"局部"两字，才能属于集中荷载。如果仅是"盆景"二字，不能选，注意和选项 C 对比。
9. 影响梁变形最大的因素是（   ）。
   A. 荷载   B. 材料性能
   C. 构件的截面   D. 构件的跨度
10. 根据《建筑结构可靠性设计统一标准》GB 50068—2018，普通房屋的设计使用年限通常为（   ）年。
    A. 40   B. 50   C. 60   D. 70
11. 混凝土结构的环境类别Ⅱ是指（   ）。
    A. 一般环境   B. 海洋氯化物环境
    C. 冻融环境   D. 化学腐蚀环境
12. 海洋氯化物环境下，引起混凝土内钢筋锈蚀的主要因素是（   ）。
    A. 混凝土碳化   B. 反复冻融   C. 氯盐   D. 硫酸盐
13. 预应力混凝土梁的最低强度等级不应低于（   ）。
    A. C30   B. C35   C. C40   D. C45
14. 预应力混凝土楼板结构的混凝土最低强度等级不应低于（   ）。
    A. C25   B. C30   C. C35   D. C40

15. 一般环境中，直接接触土体浇筑的构件，其钢筋的混凝土保护层厚度不应小于（　　）mm。
A. 55　　　　　　　B. 60　　　　　　　C. 65　　　　　　　D. 70

【答案】1. C　2. A　3. BC　4. A　5. BC　6. C　7. A　8. ABC　9. D　10. B　11. C　12. C　13. C　14. B　15. D

➢ 结构设计基本作用（荷载）

1. 按照建筑结构荷载分类，下列属于偶然作用的有（　　）。
A. 爆炸力　　　　　B. 撞击力　　　　　C. 风荷载
D. 地震　　　　　　E. 火灾

2. 属于结构设计间接作用（荷载）的是（　　）。
A. 预加应力　　　　　　　　　　B. 起重机荷载
C. 撞击力　　　　　　　　　　　D. 混凝土收缩

3. 结构上的永久作用代表值应采用（　　）。
A. 组合值　　　　　　　　　　　B. 准永久值
C. 标准值　　　　　　　　　　　D. 频遇值

【答案】1. ABDE　2. D　3. C

➢ 混凝土结构设计构造要求

1. 混凝土的优点包括（　　）。
A. 耐久性好　　　　B. 自重轻　　　　　C. 耐火性好
D. 抗裂性好　　　　E. 可模性好

2. 采用（　　），可克服混凝土容易开裂的缺点。
A. 自密实混凝土　　　　　　　　B. 预应力混凝土
C. 高强混凝土　　　　　　　　　D. 轻质混凝土

3. 抗震设防烈度为9度的高层混凝土建筑，不应采用（　　）。
A. 双向抗侧力结构　　　　　　　B. 带转换层的结构
C. 错层结构　　　　　　　　　　D. 带加强层的结构
E. 连体结构

4. 混凝土结构最小截面尺寸正确的有（　　）。
A. 矩形截面框架梁的截面宽度不应小于200mm
B. 矩形截面框架柱的边长不应小于300mm
C. 圆形截面柱的直径不应小于300mm
D. 高层建筑剪力墙的截面厚度不应小于140mm
E. 现浇钢筋混凝土实心楼板的厚度不应小于80mm

5. 钢筋代换时，应符合设计规定的（　　）要求。
A. 构件承载能力　　　　　　　　B. 施工方法
C. 配筋构造　　　　　　　　　　D. 耐久性能
E. 正常使用

【答案】1. ACE　2. B　3. BCDE　4. ABE　5. ACDE

➢ 砌体结构设计构造要求

1. 属于砌体结构工程特点的有（　　）。
A. 生产效率高　　　　　　　　　B. 保温性能好
C. 自重大　　　　　　　　　　　D. 抗震性能好
E. 可就地取材
2. 关于砌体结构特点的说法，正确的有（　　）。
A. 耐火性能好　　　　　　　　　B. 抗弯性能差
C. 耐久性较差　　　　　　　　　D. 施工方便
E. 抗震性能好
3. 砌体结构施工质量控制等级划分要素有（　　）。
A. 现场质量管理水平　　　　　　B. 砌体结构施工环境
C. 砂浆和混凝土质量控制　　　　D. 砂浆拌合工艺
E. 砌筑工人技术等级

【答案】1. BCE　2. ABD　3. ACDE

➢ 钢结构设计构造要求

1. 钢结构的优点有（　　）。
A. 强度高　　　　B. 自重轻　　　　C. 韧性好
D. 材质均匀　　　E. 耐火性好
2. 钢结构承受动荷载且需进行疲劳验算时，严禁使用（　　）接头。
A. 塞焊　　　　　B. 槽焊　　　　　C. 电渣焊
D. 搭接焊　　　　E. 气电立焊

【答案】1. ABCD　2. ABCE

➢ 装配式混凝土建筑设计构造要求

1. 建筑工业化最重要的方式是（　　）。
A. 装配式混凝土建筑　　　　　　B. 装配式钢结构
C. 装配式装饰装修　　　　　　　D. 现浇混凝土结构

2. 关于高层装配整体式结构，下列说法错误的是（　　）。
   A. 地下室宜采用现浇混凝土　　　　　B. 剪力墙宜采用现浇混凝土
   C. 框架结构首层柱宜采用现浇混凝土　D. 框架结构顶层宜采用现浇楼盖结构
3. 装配式混凝土建筑预制剪力墙的说法，正确的是（　　）。
   A. 宜采用一字形剪力墙　　　　　　　B. 剪力墙不宜开洞
   C. 与楼板底部解封高度宜为 10mm　　 D. 接缝处后浇混凝土上表面应光滑

【答案】1. A 2. B 3. A

3 常用结构工程材料

备注：4 个选项统一为单选题，5 个选项统一为多选题，下同。

> 建筑钢材

1. 当前钢筋混凝土结构的配筋主要使用的钢材是（　　）。
   A. 热轧钢筋　　B. 冷拉钢筋　　C. 钢丝　　D. 钢绞线
2. HRB400E 钢筋的屈服强度标准值不小于（　　）。
   A. 300MPa　　B. 400MPa　　C. 420MPa　　D. 500MPa
3. 常用较高要求抗震结构的纵向受力普通钢筋品种是（　　）。
   A. HRBB500　　B. HRBF500　　C. HRB500E　　D. HRB600
4. HRB400E 钢筋屈服强度实测值为 430MPa，抗压强度实测值符合标准要求的是（　　）MPa。
   A. 520　　B. 525　　C. 530　　D. 540
5. HRB400E 钢筋应满足最大力下总延伸率不小于（　　）。
   A. 6%　　B. 7%　　C. 8%　　D. 9%
6. 下列建筑钢材的性能指标中，属于力学性能的有（　　）。
   A. 拉伸性能　　B. 冲击性能　　C. 疲劳性能
   D. 弯曲性能　　E. 焊接性能
7. 关于钢材力学性能的说法，正确的是（　　）。
   A. 伸长率越大，塑性越大　　　　　　B. 抗拉强度是钢材设计强度的取值依据
   C. 强屈比越大越经济　　　　　　　　D. 冲击性能随温度升高而减小
8. 在工程应用中，通常用于表示钢材塑性指标的是（　　）。
   A. 伸长率　　B. 抗拉强度　　C. 屈服强度　　D. 疲劳性能
9. 评价钢材使用可靠性的主要参数是钢材的（　　）。
   A. 抗拉强度　　B. 屈服强度　　C. 伸长率　　D. 强屈比

【答案】1. A 2. B 3. C 4. D 5. D 6. ABC 7. A 8. A 9. D

➢ 水泥

1. 下列强度等级的水泥品种中，属于早强型水泥的是（　　）。
   A. P·O 42.5　　　　B. P·O 42.5R　　　　C. P·Ⅰ42.5　　　　D. P·Ⅱ42.5
2. 代号为 P·O 的通用硅酸盐水泥是（　　）。
   A. 硅酸盐水泥　　　　　　　　　　　B. 普通硅酸盐水泥
   C. 粉煤灰硅酸盐水泥　　　　　　　　D. 复合硅酸盐水泥
3. 据国家的有关规定，终凝时间不得长于 6.5h 的水泥是（　　）。
   A. 硅酸盐水泥　　　　　　　　　　　B. 普通硅酸盐水泥
   C. 矿渣硅酸盐水泥　　　　　　　　　D. 火山硅酸盐水泥
4. 水泥的初凝时间指（　　）。
   A. 从水泥加水拌合起至水泥浆失去可塑性所需的时间
   B. 从水泥加水拌合起至水泥浆开始失去可塑性所需的时间
   C. 从水泥加水拌合起至水泥浆完全失去可塑性所需的时间
   D. 从水泥加水拌合起至水泥浆开始产生强度所需的时间
5. 国家标准规定，水泥的强度等级是以水泥胶砂试件 3d 和 28d 的（　　）强度来评定的。
   A. 抗压　　　　　　　　　　　　　　B. 抗压、抗折
   C. 抗拉、抗压　　　　　　　　　　　D. 抗压、抗弯
6. 下列水泥中，水化热最大的是（　　）。
   A. 硅酸盐水泥　　B. 矿渣水泥　　C. 粉煤灰水泥　　D. 复合水泥
7. 关于粉煤灰水泥主要特征的说法，正确的是（　　）。
   A. 水化热较小　　　　　　　　　　　B. 抗冻性好
   C. 干缩性较大　　　　　　　　　　　D. 早期强度高
8. 关于矿渣水泥的特性，正确的是（　　）。
   A. 抗冻性好　　　　　　　　　　　　B. 干缩性小
   C. 抗渗性差　　　　　　　　　　　　D. 早期强度高

【答案】1. B　2. B　3. A　4. B　5. B　6. A　7. A　8. C

➢ 混凝土及组成材料

1. 施工现场常用坍落度试验来测定混凝土（　　）指标。
   A. 流动性　　　B. 粘聚性　　　C. 保水性　　　D. 耐久性
2. 影响混凝土拌合物和易性的因素有（　　）。
   A. 单位体积用水量　　B. 砂率　　C. 时间
   D. 水泥的泌水性　　　E. 水泥的安定性
3. 影响混凝土和易性的主要因素是（　　）。
   A. 石子　　　　　　　　　　　　　　B. 砂子
   C. 水泥　　　　　　　　　　　　　　D. 单位体积用水量

4. 混凝土立方体抗压强度试件的标准养护条件和要求有（　　）。
   A. 温度（20±2）℃
   B. 温度（18±2）℃
   C. 相对湿度 90%以上
   D. 28d 龄期
   E. 相对湿度 95%以上

5. 下列影响混凝土强度的因素中，属于生产工艺方面的因素有（　　）。
   A. 水泥强度和水灰比
   B. 搅拌和振捣
   C. 养护的温度和湿度
   D. 龄期
   E. 骨料的质量和数量

6. 混凝土的耐久性能包括（　　）。
   A. 抗冻性
   B. 碳化
   C. 抗渗性
   D. 抗侵蚀性
   E. 和易性

7. 关于混凝土表面碳化的说法，正确的有（　　）。
   A. 降低混凝土的碱度
   B. 削弱混凝土对钢筋的保护作用
   C. 增大了混凝土表面的抗压强度
   D. 增大了混凝土表面的抗拉强度
   E. 降低了混凝土的抗折强度

8. 下列不能改善混凝土耐久性的外加剂是（　　）。
   A. 早强剂
   B. 引气剂
   C. 阻锈剂
   D. 防水剂

9. 常用于改善混凝土拌合物流动性能的外加剂是（　　）。
   A. 减水剂
   B. 防水剂
   C. 缓凝剂
   D. 膨胀剂

10. 关于混凝土外加剂的说法，错误的是（　　）。
    A. 掺入适量减水剂能改善混凝土的耐久性
    B. 高温季节大体积混凝土施工应掺入速凝剂
    C. 掺入引气剂可提高混凝土的抗渗性和抗冻性
    D. 早强剂可加速混凝土早期强度增长

11. 用于居住房屋建筑中的混凝土防冻剂，不得含有（　　）成分。
    A. 木质素磺酸钙
    B. 硫酸盐
    C. 尿素
    D. 亚硝酸盐

12. 下列混凝土掺合料中，属于非活性矿物掺合料的是（　　）。
    A. 石灰石粉
    B. 硅粉
    C. 粉煤灰
    D. 粒化高炉矿渣

【答案】 1. A 2. ABCD 3. D 4. ADE 5. BCD 6. ABCD 7. ABCE 8. A 9. A 10. B 11. C 12. A

> 砌体材料

1. 一般用于房屋防潮层以下砌体的砂浆是（　　）。
   A. 水泥砂浆
   B. 水泥黏土砂浆
   C. 水泥电石砂浆
   D. 水泥石灰砂浆

2. 在水下环境中使用的砂浆，适宜选用的胶凝材料是（　　）。
   A. 石灰　　　　　　　　　　　　　B. 石膏
   C. 水泥　　　　　　　　　　　　　D. 水泥石灰混合料
3. 砌筑砂浆用砂宜优先选用（　　）。
   A. 特细砂　　　B. 细砂　　　C. 中砂　　　D. 粗砂
4. 普通砂浆的稠度越大，说明砂浆的（　　）。
   A. 保水性越好　　　　　　　　　　B. 粘结力越强
   C. 强度越小　　　　　　　　　　　D. 流动性越大
5. 影响砂浆稠度的因素有（　　）。
   A. 胶凝材料种类　　　　　　　　　B. 使用环境温度
   C. 用水量　　　　　　　　　　　　D. 掺合料的种类
   E. 搅拌时间

【答案】 1. A 2. C 3. C 4. D 5. ACDE

4 常用建筑装饰装修和防水、保温材料

备注：4个选项统一为单选题，5个选项统一为多选题，下同。

➢ 饰面板材和陶瓷

1. 下列材料中，适宜制作火烧板的是（　　）。
   A. 天然大理石　　　　　　　　　　B. 天然花岗石
   C. 建筑陶瓷　　　　　　　　　　　D. 镜片玻璃
2. 关于建筑装饰用花岗石特性的说法，正确的有（　　）。
   A. 构造致密　　　B. 强度高　　　C. 吸水率高
   D. 质地坚硬　　　E. 碱性石材
3. 天然大理石饰面板材不宜用于室内（　　）。
   A. 墙面　　　　　　　　　　　　　B. 大堂地面
   C. 柱面　　　　　　　　　　　　　D. 服务台面
4. 常用于室内装修工程的天然大理石最主要的特性是（　　）。
   A. 属酸性石材　　　　　　　　　　B. 质地坚硬
   C. 吸水率高　　　　　　　　　　　D. 属碱性石材
5. 下列陶瓷砖中，属于低吸水率的是（　　）。
   A. 瓷质砖　　　B. 炻质砖　　　C. 细炻砖　　　D. 陶质砖

【答案】 1. B 2. ABD 3. B 4. D 5. A

➢ **木材和木制品**

1. 木材湿胀后，可使木材（　　）。
   A. 翘曲　　　　　　　　　　　B. 表面鼓凸
   C. 开裂　　　　　　　　　　　D. 接榫松动

2. 木材在使用前进行烘干的主要目的是（　　）。
   A. 使其含水率与环境湿度基本平衡　　B. 减轻重量
   C. 防虫防蛀　　　　　　　　　　　　D. 就弯取直

3. 木材干缩导致的现象有（　　）。
   A. 表面鼓凸　　　B. 开裂　　　　C. 接榫松动
   D. 翘曲　　　　　E. 拼缝不严

4. 木材的变形在各个方向不同，下列表述中正确的是（　　）。
   A. 顺纹方向最小，径向较大，弦向最大
   B. 顺纹方向最小，弦向较大，径向最大
   C. 径向最小，顺纹方向较大，弦向最大
   D. 径向最小，弦向较大，顺纹方向最大

【答案】1. B　2. A　3. BCDE　4. A

➢ **建筑玻璃**

1. 下列不属于安全玻璃的是（　　）。
   A. 钢化玻璃　　　　　　　　　B. 防火玻璃
   C. 平板玻璃　　　　　　　　　D. 夹层玻璃

2. 关于均质钢化玻璃特性的说法，正确的有（　　）。
   A. 使用时可以切割　　　　　　B. 相比钢化玻璃，自爆率大大降低
   C. 碎后易伤人　　　　　　　　D. 热稳定性差
   E. 机械强度高

3. 具有良好隔热和隔声性能的玻璃品种是（　　）。
   A. 夹层玻璃　　　　　　　　　B. 中空玻璃
   C. 钢化玻璃　　　　　　　　　D. Low-E 玻璃

4. 节能装饰型玻璃包括（　　）。
   A. 压花玻璃　　　　　　　　　B. 彩色平板玻璃
   C. Low-E 玻璃　　　　　　　　D. 中空玻璃
   E. 单反玻璃

【答案】1. C　2. BE　3. B　4. CDE

防水材料

1. 下列防水材料中，属于刚性防水材料的有（　　）。
A. JS 聚合物水泥基防水涂料
B. 聚氯酚防水涂料
C. 水泥基渗透结晶型防水涂料
D. 防水混凝土
E. 防水砂浆

2. 关于水泥基渗透结晶型防水涂料特点的说法，正确的有（　　）。
A. 是一种柔性防水材料
B. 具有独特的保护钢筋能力
C. 节省人工
D. 具有防腐特性
E. 耐老化

3. 防水砂浆适用于（　　）的工程。
A. 有剧烈振动
B. 结构刚度大
C. 处于侵蚀性介质
D. 环境温度高于100℃

【答案】1. CDE　2. BCDE　3. B

保温隔热材料

1. 影响保温材料导热系数的因素有（　　）。
A. 材料的性质
B. 表观密度与孔隙特征
C. 温度及湿度
D. 材料几何形状
E. 热流方向

2. 导热系数最大的是（　　）。
A. 水
B. 空气
C. 钢材
D. 冰

3. 关于保温隔热材料导热系数的说法，正确的有（　　）。
A. 气体的导热系数大于非金属的导热系数
B. 孔隙率相同时，孔隙尺寸越大，导热系数越大
C. 表观密度小的材料，导热系数小
D. 材料吸湿受潮后，导热系数会变小
E. 当热流平行于纤维方向时，保温性能减弱

【答案】1. ABCE　2. C　3. BCE

5 建筑工程施工技术

备注：4个选项统一为单选题，5个选项统一为多选题，下同。

➤ 施工测量放线

1. 在楼层内测量放线，最常用的距离测量器具是（　　）。
   A. 水准仪　　　　　　　　　　　　B. 经纬仪
   C. 激光铅直仪　　　　　　　　　　D. 钢尺

2. 施工测量中，测量角度的仪器是（　　）。
   A. 水准仪　　　　　　　　　　　　B. 钢尺
   C. 经纬仪　　　　　　　　　　　　D. 激光铅直仪

3. 可以直接用来测量角度和距离的施工测量仪器是（　　）。
   A. 全站仪　　　　　　　　　　　　B. 水准仪
   C. 经纬仪　　　　　　　　　　　　D. 激光铅直仪

4. 关于测量仪器说法，正确的有（　　）。
   A. 最常用的距离测量工具是全站仪
   B. 水准仪可以直接测量待定点的高程
   C. 经纬仪可以测量垂直角
   D. 激光铅直仪主要用来进行点位的竖向传递
   E. 全站仪只需人工照准，其他操作都是自动完成

5. 依据建筑场地的施工控制方格网放线，最为方便的方法是（　　）。
   A. 极坐标法　　　　　　　　　　　B. 角度前方交会法
   C. 直角坐标法　　　　　　　　　　D. 方向线交会法

6. 针对平面形式为椭圆的建筑，建筑外轮廓线放样最适宜采用的测量方法是（　　）。
   A. 直角坐标法　　　　　　　　　　B. 角度交会法
   C. 距离交会法　　　　　　　　　　D. 极坐标法

7. 高层建筑物主轴线的竖向投测一般采用（　　）。
   A. 外控法　　　　　　　　　　　　B. 内控法
   C. 距离交汇法　　　　　　　　　　D. 直角坐标法

8. 下列关于建筑主轴线竖向投测的做法，错误的是（　　）。
   A. 每层投测的偏差控制在3mm以内
   B. 投测前检测基准点，确保位置正确
   C. 采用内控法进行高层建筑主轴线的竖向投测
   D. 采用外控法进行轴线竖向投测时，将控制轴线引测至最底层底板上

【答案】 1. D 2. C 3. A 4. CDE 5. C 6. D 7. B 8. D

> 地基与基础工程施工

1. 下列支护中，不适用于深基坑的灌注桩排桩支护结构是（   ）。

   A. 悬臂式支护　　　　　　　　　　　B. 锚拉式支护
   C. 内撑式支护　　　　　　　　　　　D. 内撑-锚拉混合式支护

2. 下列挖土方案中，为无支护结构的是（   ）。

   A. 逆作法挖土　　B. 盆式挖土　　　C. 放坡挖土　　　D. 中心岛式挖土

3. 关于中心岛式挖土的说法，正确的是（   ）。

   A. 基坑四边应留土坡　　　　　　　　B. 中心岛可作为临时施工场地
   C. 有利于减少支护体系的变形　　　　D. 多用于无支护土方开挖

4. 不能用作填方土料的有（   ）。

   A. 淤泥　　　　　　　　　　　　　　B. 淤泥质土
   C. 有机质大于5%的土　　　　　　　　D. 砂土
   E. 碎石土

5. 土方回填工程中，根据压实机具确定的施工参数是（   ）。

   A. 土料性质　　　B. 土料含水率　　C. 压实系数　　　D. 虚铺厚度

6. 关于土方回填施工工艺的说法，错误的是（   ）。

   A. 土料应尽量采用同类土　　　　　　B. 应从场地最低处开始回填
   C. 应在相对两侧对称回填　　　　　　D. 虚铺厚度根据含水量确定

7. 关于土方回填的说法，错误的是（   ）。

   A. 土方回填前应验收基底高程
   B. 应控制回填材料的粒径和含水率
   C. 填筑厚度及压实遍数应根据土质、压实系数及所用机具经试验确定
   D. 冬期施工时预留沉降量比常温时适当减少

8. 为防止或减少降水对周边环境的影响，常采用回灌技术。采用回灌井点时，回灌井点与降水井点的距离不宜小于（   ）m。

   A. 4　　　　　　　B. 6　　　　　　　C. 8　　　　　　　D. 10

9. 下列措施中，不能减小降水对周边环境影响的是（   ）。

   A. 砂沟，砂井回灌　　　　　　　　　B. 减缓降水速度
   C. 基坑内明排水　　　　　　　　　　D. 回灌井点

10. 下列人员中，可以组织验槽工作的有（   ）。

    A. 设计单位项目负责人　　　　　　　B. 施工单位项目负责人
    C. 监理单位项目负责人　　　　　　　D. 勘察单位项目负责人
    E. 建设单位项目负责人

11. 通常基坑验槽主要采用的方法是（   ）。

    A. 观察法　　　　B. 钎探法　　　　C. 丈量法　　　　D. 动力触探

12. 基坑验槽中，对于基底以下不可见部位的土层，通常采用的方法是（   ）。

    A. 钎探法　　　　　　　　　　　　　B. 贯入仪检测法
    C. 轻型动力触探　　　　　　　　　　D. 观察法

13. 地基验槽中采用钎探法时，同一单位工程中各钎探点打钎应（　　）。
A. 钎径一致
B. 钎探耗时一致
C. 钎锤一致
D. 用力（落距）一致
E. 锤击数一致

14. 水泥粉煤灰碎石桩（CFG 桩）的成桩工艺有（　　）。
A. 长螺旋钻孔灌注成桩
B. 振动沉管灌注成桩
C. 洛阳铲人工成桩
D. 长螺旋钻中心压灌成桩
E. 三管法旋喷成桩

15. 需采用水下灌注混凝土工艺的是（　　）。
A. 人工挖孔灌注桩
B. 沉管灌注桩
C. 泥浆护壁法钻孔灌注桩
D. 干作业法钻孔灌注桩

16. 针对大型设备基础混凝土浇筑，正确的施工方法有（　　）。
A. 分层浇筑
B. 上下层间不留施工缝
C. 每层厚度 300~500mm
D. 从高处向低处浇筑
E. 沿长边方向浇筑

17. 大体积混凝土拆除保温覆盖时，浇筑体表面与大气温差不宜大于（　　）。
A. 15℃
B. 20℃
C. 25℃
D. 28℃

18. 针对基础底板的大体积混凝土裂缝，可采取的控制措施有（　　）。
A. 及时对混凝土覆盖保温和保湿材料
B. 在保证混凝土设计强度等级前提下，适当增加水胶比
C. 优先选用水化热大的硅酸盐水泥拌制混凝土
D. 当大体积混凝土平面尺寸过大时，设置后浇带
E. 采用二次抹面工艺，减少表面收缩裂缝

19. 控制大体积混凝土温度裂缝的常见措施有（　　）。
A. 提高混凝土强度
B. 降低水胶比
C. 降低混凝土入模温度
D. 提高水泥用量
E. 采用二次抹面工艺

【答案】 1. A　2. C　3. B　4. ABC　5. D　6. D　7. D　8. B　9. C　10. CE　11. A　12. A　13. ACD　14. ABD　15. C　16. ABCE　17. B　18. ADE　19. BCE

> **主体结构工程施工**

1. 在冬期施工某一外形复杂的混凝土构件时，最适宜采用的模板体系是（　　）。
A. 木模板体系
B. 组合钢模板体系
C. 铝合金模板体系
D. 大模板体系

2. 模板工程设计的安全性原则是指模板要具有足够的（　　）。
A. 强度
B. 实用性
C. 刚度
D. 经济性
E. 稳定性

3. 对于跨度6m的现浇钢筋混凝土梁，当设计无要求时，其梁底木模板跨中可采用的起拱高度有（   ）。

A. 5mm	B. 10mm	C. 15mm

D. 20mm	E. 25mm

4. 关于模板的拆除顺序，正确的有（   ）。

A. 先支的后拆	B. 后支的先拆

C. 先拆非承重模板	D. 后拆承重模板

E. 从下而上进行拆除

5. 拆除跨度为7m的现浇钢筋混凝土梁的底模及支架时，其混凝土强度至少应达到混凝土设计抗压强度标准值的（   ）。

A. 50%	B. 75%	C. 85%	D. 100%

6. 某跨度6m、设计强度C30的钢筋混凝土梁，拆除底模的最早时间是（   ）。

时间（d）	7	9	11	13
同条件养护试件强度（MPa）	16.5	20.8	23.1	25
标准养护试件强度（MPa）	17.8	22.5	25.5	27

A. 7d	B. 9d	C. 11d	D. 13d

7. 某跨度8m的混凝土楼板，设计强度等级C30，模板采用快拆支架体系，支架立杆间距2m，拆模时混凝土的最低强度是（   ）MPa。

A. 15	B. 22.5	C. 30	D. 25.5

8. 钢筋代换时应满足构造要求有（   ）。

A. 钢筋变形情况	B. 最小钢筋直径

C. 钢筋间距	D. 钢筋受力

E. 钢筋锚固长度

9. 关于钢筋接头位置的说法，正确的有（   ）。

A. 钢筋接头位置宜设置在受力较大处

B. 柱钢筋的箍筋接头应交错布置在四角纵向钢筋上

C. 钢筋接头末端至钢筋弯起点的距离不应小于钢筋直径的8倍

D. 同一纵向受力钢筋宜设置两个或两个以上接头

E. 连续梁下部钢筋接头位置宜设置在梁端1/3跨度范围内

10. 目前粗钢筋机械连接采用最多的连接方式是（   ）连接。

A. 挤压套筒	B. 镦粗直螺纹套筒

C. 剥肋滚压直螺纹套筒	D. 锥螺纹套筒

11. 下列施工工序中，属于"钢筋加工"工作内容的有（   ）。

A. 机械连接	B. 下料切断	C. 搭接绑扎

D. 弯曲成型	E. 调直

12. 关于钢筋加工的说法，正确的是（ ）。

A. 钢筋冷拉调直时，不能同时进行除锈

B. HRB400 级钢筋采用冷拉调直时，冷拉率允许最大值为 4%

C. 钢筋的切断口有马蹄形现象

D. 钢筋的加工宜在常温下进行，加工过程不应加热钢筋

13. 连续梁上部钢筋和下部钢筋接头位置宜分别设置在（ ）范围内。

A. 跨中 1/3 跨度和梁端 1/3 跨度

B. 跨中 1/3 跨度和跨中 1/3 跨度

C. 梁端 1/3 跨度和梁端 1/3 跨度

D. 梁端 1/3 跨度和跨中 1/3 跨度

14. 按照国家现行标准《普通混凝土配合比设计规程》JGJ 55 的有关规定，混凝土根据（ ）等要求进行配合比设计。

A. 分层度 B. 强度等级 C. 耐久性

D. 工作性 E. 原材料性能

15. 关于主体结构混凝土浇筑的做法，正确的是（ ）。

A. 单向板沿板短边方向浇筑

B. 主次梁的楼板顺着主梁方向浇筑

C. 梁和板同时浇筑

D. 插入式振捣器慢插快拔振捣普通混凝土

16. 关于主体结构混凝土浇筑的说法，正确的是（ ）。

A. 混凝土自高处倾落的自由高度，不宜超过 3m

B. 浇筑竖向结构混凝土前，先在底部填不大于 30mm 厚水泥砂浆

C. 高度大于 1m 的梁，可单独浇筑混凝土

D. 梁和板宜同时浇筑混凝土，有主次梁的楼板宜顺着主梁方向浇筑

17. 有抗震要求的钢筋混凝土框架结构，其楼梯的施工缝宜留置在（ ）。

A. 梯段与休息平台板的连接处

B. 梯段板跨度端部的 1/3 范围内

C. 梯段板跨度中部的 1/3 范围内

D. 任意部位

18. 混凝土结构施工缝留置位置，正确的有（ ）。

A. 柱水平施工缝在基础、楼层结构顶面

B. 单向板在平行于板长边的任何位置

C. 有主次梁的楼板垂直施工缝在次梁跨中 1/3 范围内

D. 墙体垂直施工缝在纵横墙的交接处

E. 双向受力板施工缝按监理要求确定

19. 对已浇筑完毕的混凝土采用自然养护，应在混凝土（ ）开始。

A. 初凝前 B. 终凝前

C. 终凝后 D. 强度达到 1.2N/mm² 以后

20. 关于砌筑砂浆，说法正确的是（　　）。

A. 在干热条件砌筑时，应选用较小稠度值的砂浆

B. 机械搅拌砂浆时，搅拌时间自开始投料时算起

C. 水泥粉煤灰砂浆的搅拌时间不少于180s

D. 现场拌制砂浆应在2h内用完

21. 关于砌筑砂浆的说法，说法错误的是（　　）。

A. 掺用外加剂的砂浆搅拌时间不得小于3min

B. 留置试块为边长7.07cm的立方体

C. 砂浆应采用机械搅拌

D. 六个试件为一组

22. 砖墙工作段的分段位置宜设在（　　）。

A. 变形缝处　　　　　　　　　　B. 构造柱处

C. 门窗洞口处　　　　　　　　　D. 内外墙交接处

E. 墙体转角处

23. 当设计无要求时，在240mm厚的实心砌体上留设脚手眼的做法，正确的是（　　）。

A. 过梁上一皮砖处　　　　　　　B. 宽度为800mm的窗间墙上

C. 距转角550mm处　　　　　　　D. 梁垫下一皮砖处

24. 设有钢筋混凝土构造柱的抗震多层砖房，施工顺序正确的是（　　）。

A. 砌砖墙→绑扎钢筋→浇筑混凝土

B. 绑扎钢筋→浇筑混凝土→砌砖墙

C. 绑扎钢筋→砌砖墙→浇筑混凝土

D. 浇筑混凝土→绑扎钢筋→砌砖墙

25. 关于砖砌体施工技术的说法，错误的是（　　）。

A. 砌筑前，烧结砖应提前1~2d浇水湿润

B. 铺浆法砌筑，铺浆长度不得超过500mm

C. 砖墙的水平灰缝砂浆饱满度不得小于80%

D. 砖墙灰缝宽度宜为10mm，且不应小于8mm，也不应大于12mm

26. 关于普通混凝土小型空心砌块的施工做法，正确的有（　　）。

A. 在施工前先浇水湿透　　　　　B. 承重墙体使用时应完整，无破损

C. 底面朝下正砌于墙上　　　　　D. 底面朝上反砌于墙上

E. 小砌块在使用时的龄期已到28d

27. 填充墙砌体顶部与承重主体结构之间的空隙部位应在墙体砌筑（　　）砌筑。

A. 当天　　　　B. 3d后　　　　C. 7d后　　　　D. 14d后

28. 下列属于产生焊缝固体夹渣缺陷主要原因的是（　　）。

A. 焊缝布置不当　　　　　　　　B. 焊前未预热

C. 焊接电流太小　　　　　　　　D. 焊条未烘烤

29. 高强度螺栓广泛采用的连接形式是（　　）。

A. 平接连接　　　B. T形连接　　　C. 搭接连接　　　D. 摩擦连接

30. 关于高强螺栓安装的说法，正确的有（　　）。
    A. 应能自由穿入螺栓孔　　　　　　　　B. 用铁锤敲击穿入
    C. 用锉刀修整螺栓孔　　　　　　　　　D. 用气割扩孔
    E. 扩孔的孔径不超过螺栓直径的1.2倍

31. 关于钢结构高强度螺栓安装的说法，正确的有（　　）。
    A. 应从刚度大的部位向不受约束的自由端进行
    B. 应从不受约束的自由端向刚度大的部位进行
    C. 应从螺栓群中部开始向四周扩展逐个拧紧
    D. 应从螺栓群四周开始向中部集中逐个拧紧
    E. 同一接头中高强度螺栓的初拧、复拧、终拧应在24h内完成

32. 钢结构涂装用防火涂料按涂层厚度共分为（　　）类。
    A. 一　　　　B. 二　　　　C. 三　　　　D. 四

33. 关于钢结构涂装防火涂料，下列说法错误的是（　　）。
    A. 防火涂料按涂层厚度分为三类　　　　B. H型防火涂料为膨胀型防火涂料
    C. 涂装施工常用喷涂方法　　　　　　　D. 涂装油漆工属于特殊工种

34. 关于预制构件进场的说法，正确的是（　　）。
    A. 预制构件可直接堆放在地面上
    B. 预制墙板采用靠放时，宜对称靠放，饰面朝外
    C. 预制水平构件可采用叠放方式，各层支垫相互错开
    D. 预制构件进场时，混凝土强度应当达到设计强度等级值

35. 预制构件吊装的操作方式是（　　）。
    A. 慢起、慢升、快放　　　　　　　　　B. 慢起、快升、缓放
    C. 快起、慢升、快放　　　　　　　　　D. 快起、慢升、缓放

36. 混凝土预制柱适宜的安装顺序是（　　）。
    A. 角柱→边柱→中柱　　　　　　　　　B. 角柱→中柱→边柱
    C. 边柱→中柱→角柱　　　　　　　　　D. 边柱→角柱→中柱

37. 下列预制楼梯吊装工艺流程（部分）中，顺序正确的是（　　）。
    ① 预制楼梯起吊；② 垫片找平；③ 钢筋对孔校正；④ 钢筋调直；⑤ 位置、标高确认
    A. ①②④③⑤　　　　　　　　　　　　B. ①④②③⑤
    C. ②④①③⑤　　　　　　　　　　　　D. ④②①③⑤

38. 预制构件间钢筋连接方式，以下不属于的是（　　）。
    A. 套筒灌浆连接　　　　　　　　　　　B. 浆锚搭接连接
    C. 绑扎连接　　　　　　　　　　　　　D. 直螺纹套筒连接

【答案】1. A 2. ACE 3. BC 4. ABCD 5. B 6. C 7. A 8. BCE 9. BE
10. C 11. BDE 12. D 13. A 14. BCDE 15. C 16. C 17. B 18. ACD 19. B
20. C 21. D 22. ABC 23. C 24. C 25. B 26. BDE 27. D 28. C 29. D
30. ACE 31. ACE 32. C 33. B 34. B 35. B 36. A 37. D 38. C

屋面、防水与保温工程施工

1. 屋面卷材防水施工的要求中，平屋面采用结构找坡时，坡度不应小于（   ）。
   A. 1%   B. 2%   C. 3%   D. 5%

2. 屋面卷材防水层施工顺序和方向应符合（   ）。
   A. 由屋面最低标高向上铺贴   B. 天沟铺贴搭接缝应顺流水方向
   C. 卷材宜垂直屋脊铺贴   D. 上下层卷材不得相互垂直铺贴
   E. 先进行细部构造处理

3. 关于卷材防水层搭接缝的做法，正确的有（   ）。
   A. 平行屋脊的搭接缝顺流水方向搭接   B. 上下层卷材接缝对齐
   C. 留设于天沟侧面   D. 留设于天沟底部
   E. 搭接缝口用密封材料封严

4. 下列防水涂料中，宜用滚涂施工的是（   ）。
   A. 水乳型防水涂料   B. 反应固化型防水涂料
   C. 聚合物水泥防水涂料   D. 热熔型防水涂料

5. 外墙 EPS 板薄抹灰系统施工工艺顺序，正确的是（   ）。
   ①挂基准线；②粘贴聚苯板；③抹面层抹面砂浆；④锚固件固定
   A. ①②③④   B. ①③②④
   C. ①②④③   D. ①④②③

6. 关于屋面现浇泡沫混凝土保温层的说法，错误的是（   ）。
   A. 浇筑出料口离基层的高度不宜超过 1m
   B. 应采用低压泵送
   C. 分层浇筑，一次浇筑厚度不宜超过 300mm
   D. 保湿养护不得少于 7d

7. 常用于防水混凝土的水泥品种是（   ）。
   A. 矿渣硅酸盐水泥   B. 粉煤灰硅酸盐水泥
   C. 火山灰硅酸盐水泥   D. 普通硅酸盐水泥

8. 防水混凝土试配时的抗渗等级应比设计要求提高（   ）MPa。
   A. 0.1   B. 0.2   C. 0.3   D. 0.4

9. 水泥砂浆防水层终凝后应及时养护，养护时间不少于（   ）d。
   A. 7   B. 14   C. 21   D. 28

10. 受持续振动的地下工程防水不应采用（   ）。
    A. 防水混凝土   B. 水泥砂浆防水层
    C. 卷材防水层   D. 涂料防水层

11. 地下工程卷材防水层铺贴方法，对环境温度的要求是（   ）。
    A. 冷粘法室外气温不低于-10℃
    B. 热熔法室外气温不低于-15℃
    C. 自粘法室外气温不低于 5℃
    D. 焊接法室外气温不低于-15℃

12. 关于地下工程防水卷材施工的说法，正确的有（   ）。
   A. 基础底板混凝土垫层上铺卷材应采用满粘法
   B. 地下室外墙外防外贴卷材应采用点粘法
   C. 基层阴阳角处应做成圆弧或折角后再铺贴
   D. 铺贴双层卷材时，上下两层卷材应垂直铺贴
   E. 铺贴双层卷材时，上下两层的卷材接缝应错开

13. 室内防水施工过程包括：①细部附加层、②防水层、③结合层、④清理基层，正确的施工流程是（   ）。
   A. ①②③④   B. ④①②③
   C. ④③①②   D. ④②①③

14. 防水水泥砂浆施工做法，正确的是（   ）。
   A. 采用抹压法、一遍成活   B. 上下层接槎位置错开200mm
   C. 转角处接槎   D. 养护时间7d

【答案】1. C 2. ABDE 3. ACE 4. A 5. C 6. C 7. D 8. B 9. B 10. B 11. C 12. CE 13. C 14. B

> ➢ 装饰装修工程施工

1. 抹灰工程用砂不宜使用（   ）。
   A. 粗砂   B. 中砂   C. 细砂   D. 特细砂

2. 一般抹灰底层砂浆稠度为（   ）。
   A. 7~9cm   B. 8~10cm
   C. 9~11cm   D. 12~14cm

3. 关于抹灰工程的施工做法，正确的有（   ）。
   A. 对不同材料基体交接处的抹灰应采取加强措施
   B. 抹灰用的石灰膏的熟化期最大不少于7d
   C. 设计无要求时，室内墙、柱面的阳角用1∶2水泥砂浆做暗护角
   D. 水泥砂浆抹灰层在干燥条件下养护
   E. 当抹灰总厚度大于35mm时，采取加强网措施

4. 下列板材隔墙的工艺流程顺序是（   ）。
   ①安装隔墙板；②安装定位板；③安装固定卡；④板缝处理
   A. ③②①④   B. ②③①④
   C. ②①③④   D. ①②③④

5. 吊顶吊杆长度大于（   ）m时，应设置反支撑。
   A. 1.0   B. 1.2   C. 1.3   D. 1.5

6. 吊顶工程施工时，重型吊顶灯具应安装在（   ）。
   A. 主龙骨上   B. 次龙骨上
   C. 附加吊杆上   D. 饰面板上

7. 关于吊顶工程的说法，正确的有（   ）。
   A. 吊顶工程的木龙骨可不进行防火处理
   B. 重型设备安装在龙骨上
   C. 次龙骨间距不宜大于300mm
   D. 主龙骨相邻接头应错开
   E. 当吊杆长度大于1.5m时应设反向支撑
8. 采用砂、石材料铺装地面时的环境温度最低限值是（   ）。
   A. -10℃   B. -5℃   C. 0℃   D. 5℃
9. 抗震设防烈度7度地区，采用满粘法施工的外墙饰面砖粘贴工程高度不应大于（   ）。
   A. 24m   B. 50m   C. 54m   D. 100m
10. 在钢筋混凝土结构上固定铝合金窗，可采用的固定方式有（   ）。
    A. 焊接
    B. 预埋件连接
    C. 燕尾铁脚连接
    D. 金属膨胀螺栓连接
    E. 射钉固定
11. 关于塑料门窗框施工工艺的说法，正确的是（   ）。
    A. 边安装边砌口
    B. 使用单向固定片，双向交叉安装
    C. 砖墙洞口采用膨胀螺钉固定在砖缝处
    D. 固定片与框连接采用自攻螺钉直接锤击钉入
12. 幕墙预埋件锚筋直径大于20mm时，与锚板连接宜采用（   ）。
    A. 穿孔塞焊
    B. 压力埋弧焊
    C. 锚筋弯成L形与锚板焊接
    D. 锚筋弯成Ⅱ形与锚板焊接
13. 下列用于建筑幕墙的材料或构配件中，通常无需考虑承载能力要求的是（   ）。
    A. 连接角码   B. 硅酮结构胶   C. 不锈钢螺栓   D. 防火密封胶
14. 关于全玻璃幕墙工程的说法，正确的是（   ）。
    A. 采用胶缝传力的，胶缝可采用硅酮耐候密封胶
    B. 玻璃肋截面厚度不应小于10mm
    C. 全玻璃幕墙不可以在现场打注硅酮结构密封胶
    D. 吊挂玻璃的夹具不得与玻璃直接接触
15. 石材幕墙面板与骨架常用的连接方式不包括（   ）。
    A. 短槽式   B. 通槽式   C. 背栓式   D. 背挂式
16. 关于建筑幕墙防火、防雷构造技术要求的说法，正确的有（   ）。
    A. 防火层承托应采用厚度不小于1.5mm铝板
    B. 外墙上下口均应设防火封堵
    C. 同一幕墙玻璃单元不宜跨越两个防火分区
    D. 在有镀膜层的构件上进行防雷连接不应破坏镀膜层
    E. 幕墙的金属框架应与主体结构的防雷体系可靠连接

【答案】 1. D 2. C 3. ACE 4. B 5. D 6. C 7. DE 8. C 9. D 10. BDE
11．B 12．A 13．D 14．D 15．B 16．BCE

> 季节性施工技术

1. 根据相关规定,可作为进入冬期施工期限判定标准的是( )。
   A. 室外日最低温度连续 5d 低于 5℃
   B. 室外日平均温度连续 5d 低于 5℃
   C. 黄河以南地区 11 月底至次年 2 月底
   D. 黄河以北地区 11 月中至次年 3 月中

2. 下列对冬期施工土方回填的要求,正确的是( )。
   A. 预留沉陷量应比常温时减少
   B. 大面积回填土严禁含有冻土块
   C. 铺土厚度应比常温施工时减少 10%~15%
   D. 铺填时有冻土块应分散开

3. 关于砌体工程冬期施工的说法,正确的有( )。
   A. 砌筑砂浆宜采用普通硅酸盐水泥配制
   B. 拌制砂浆所用砂中不得含有直径大于 20mm 的冻结块
   C. 采用氯盐砂浆施工时,砌体每日砌筑高度不超过 1.5m
   D. 砌筑施工时,砂浆温度不应低于 5℃
   E. 砂浆拌合水温不得超过 80℃

4. 冬期施工期间混凝土浇筑温度的测量频次是( )。
   A. 每一工作班 1 次   B. 每一工作班 2 次
   C. 每一工作班不少于 4 次   D. 每昼夜不少于 2 次

5. 关于雨期施工中钢筋工程的做法,正确的有( )。
   A. 焊接接头可遇雨急速降温
   B. 基础后浇带可两边砌砖墙保护后浇带处钢筋
   C. 钢筋机械应设置机棚
   D. 钢筋机械设置场地应平整
   E. 钢筋机械可以设置在松软的场地上

6. 露天料场的搅拌站在雨后拌制混凝土时,应对配合比中原材料重量进行调整的有( )。
   A. 水   B. 水泥   C. 石子
   D. 砂子   E. 粉煤灰

7. 下列关于钢结构在雨期施工的说法,错误的是( )。
   A. 同一焊条重复烘烤次数超 3 次
   B. 焊接作业区的相对湿度不大于 90%
   C. 焊缝部位比较潮湿,用氧炔焰进行烘烤
   D. 高强度螺栓接头安装时,构件摩擦面不能雨淋和接触泥土

8. 当日平均气温高于 30℃时,混凝土的入模温度不应高于( )。
   A. 20℃   B. 25℃
   C. 30℃   D. 35℃

9. 高温天气期间，通常混凝土搅拌运输车罐体涂装颜色是（   ）。

　A. 蓝色　　　　　　　　　　　　　B. 绿色

　C. 灰色　　　　　　　　　　　　　D. 白色

10. 关于高温天气混凝土施工的说法，错误的是（   ）。

　A. 入模温度宜低于 35℃　　　　　　B. 宜在午间进行浇筑

　C. 应及时进行保湿养护　　　　　　D. 宜用白色涂装混凝土运输车

11. 关于高温天气施工的说法，错误的是（   ）。

　A. 现场拌制砂浆随拌随用

　B. 打密封胶时环境温度不宜超过 35℃

　C. 不应进行钢结构安装

　D. 混凝土的坍落度不宜小于 70mm

12. 混凝土在高温施工环境下施工，可采取的措施有（   ）。

　A. 在早间施工　　B. 在晚间施工　　C. 喷雾

　D. 连续浇筑　　　E. 吹风

13. 改性石油沥青密封材料施工的环境最高气温是（   ）。

　A. 25℃　　　　　　　　　　　　　B. 30℃

　C. 35℃　　　　　　　　　　　　　D. 40℃

【答案】1. B　2. D　3. ADE　4. C　5. BCD　6. ACD　7. A　8. D　9. D　10. B　11. C　12. ABCD　13. C

6　建筑工程相关法规与标准

备注：4 个选项统一为单选题，5 个选项统一为多选题，下同。

➢ 相关法规

1. 下列情形中，应判定为重大事故隐患的有（   ）。

　A. 危险性较大的分部分项工程未编制专项施工方案

　B. 基坑侧壁出现渗水

　C. 模板支架承受的施工荷载超过设计值

　D. 脚手架未设置连墙件

　E. 单榀钢桁架安装时未采取防失稳措施

2. 关于建筑垃圾减量化的说法，错误的是（   ）。

　A. 基础砖胎膜宜采用建筑垃圾再生利用产品砌筑

　B. 临时设施建设宜采用永临结合方式

　C. 施工现场建筑垃圾的堆放不宜高于 2.5m

　D. 金属类工程弃料宜进行再利用

3. 企业安全生产费用的管理原则有（　　）。
   A. 开源节流　　　　B. 筹措有章　　　　C. 合理让利
   D. 监督有效　　　　E. 管理有序
4. 下列费用中，不得从企业安全生产费用中支出的是（　　）。
   A. 应急演练支出　　　　　　　　　　B. 安全人员薪酬、福利
   C. 项目网络安全支出　　　　　　　　D. 报告安全隐患人员奖金
5. 以下工艺或施工设备，属于禁止使用的有（　　）。
   A. 卷扬机钢筋调直工艺　　　　　　　B. 桩基人工挖孔工艺
   C. 木脚手架　　　　　　　　　　　　D. 井架物料提升机
   E. 饰面砖水泥砂浆粘贴工艺
6. 以下天气，应停止脚手架架上作业的有（　　）。
   A. 雷雨天气　　　　B. 6级风　　　　　C. 大雾
   D. 大雪　　　　　　E. 霜冻
7. 以下关于分项工程划分依据，正确的有（　　）。
   A. 工种　　　　　　B. 材料　　　　　　C. 施工段
   D. 专业性质　　　　E. 设备类别
8. 关于民用建筑平均节能率的说法，错误的是（　　）。
   A. 严寒地区居住建筑平均节能率应为75%
   B. 寒冷地区居住建筑平均节能率应为75%
   C. 除严寒和寒冷地区外，一般气候区居住建筑平均节能率应为70%
   D. 公共建筑平均节能率为72%
9. 针对居住建筑的墙体保温隔热材料，应进行复验的性能指标有（　　）。
   A. 导热系数　　　　B. 厚度　　　　　　C. 压缩强度
   D. 密度　　　　　　E. 抗折强度
10. 墙体保温砌块进场复验的内容有（　　）。
    A. 传热系数　　　　　　　　　　　　B. 单位面积质量
    C. 抗压强度　　　　　　　　　　　　D. 吸水率
    E. 拉伸粘结强度

【答案】1. ACDE　2. C　3. BDE　4. B　5. ACE　6. AB　7. ABE　8. C　9. ACD　10. ACD

> 相关标准

1. 下列关于淤泥土地基处理的做法，正确的是（　　）。
   A. 强夯　　　　　　　　　　　　　　B. 高压喷射注浆
   C. 砂石桩　　　　　　　　　　　　　D. 水泥粉煤灰碎石桩
2. 混凝土结构实体检验包括（　　）。
   A. 砂浆强度　　　　　　　　　　　　B. 混凝土强度

C. 钢筋保护层厚度　　　　　　　　　D. 结构位置与尺寸偏差

E. 合同约定的项目

3. 砌体结构施工质量控制等级分为（　　）个等级。

A. 一　　　　　　B. 二　　　　　　C. 三　　　　　　D. 四

4. 砌体结构工程检验批验收的正确做法是（　　）。

A. 检验批的划分不超过 300m³ 砌体

B. 主控项目应全部符合规范的规定

C. 一般项目应有 75% 以上的抽检处符合规范的规定

D. 允许偏差的项目最大超差值为允许偏差值的 2 倍

5. 装配式混凝土结构连接节点浇筑混凝土前，进行隐蔽工程验收的内容有（　　）。

A. 混凝土粗糙面的质量　　　　　　B. 预制构件出厂合格证

C. 钢筋的牌号　　　　　　　　　　D. 钢筋的搭接长度

E. 保温及其节点施工

6. 关于装饰装修工程现场防火安全的说法，正确的是（　　）。

A. 易燃材料施工配套使用照明灯应有防爆装置

B. 易燃物品集中放置在安全区域时可不做标识

C. 现场金属切割作业有专人监督时可不开动火证

D. 施工现场可设置独立的吸烟区并配备灭火器

7. 下列应使用 A 级装修材料的部位是（　　）。

A. 疏散楼梯间顶棚　　　　　　　　B. 消防控制室地面

C. 展览性场所展台　　　　　　　　D. 厨房内固定橱柜

8. 下列特殊场所采用的装修材料，其燃烧性能等级符合《建筑内部装修设计防火规范》的有（　　）。

A. 贮藏间采用 B1 级　　　　　　　B. 厨房地面采用 B2 级

C. 卫生间顶棚采用 B2 级　　　　　D. 阳台采用 B1 级

E. 灯饰采用 A 级

9. 建筑节能工程评价指标体系包含的指标类别有（　　）。

A. 建筑围护结构　　　　　　　　　B. 电气与照明

C. 防腐与防火　　　　　　　　　　D. 运营管理

E. 建筑规划

10. 严寒地区墙体保温工程粘结材料的复验项目是（　　）。

A. 厚度　　　　　　　　　　　　　B. 导热系数

C. 冻融循环　　　　　　　　　　　D. 压缩强度

11. 关于公共建筑节能评价，说法错误的是（　　）。

A. 透明幕墙材料要求复验中空玻璃露点

B. 寒冷地区，南向外窗应设有活动的外遮阳装置

C. 每个房间的外窗可开启面积不应小于该房间面积的 30%

D. 夏季室内空调温度设置不应低于 26℃

12. 根据《节能建筑评价标准》，公共建筑冬季室内空调稳定设置不应高于（　　）。
   A. 20℃　　　　B. 18℃　　　　C. 22℃　　　　D. 26℃
13. 下列关于《绿色建造技术导则》对建筑材料的选用规定，说法正确的是（　　）。
   A. 应符合国家和地方相关标准规范的环保要求
   B. 应选用获得绿色建材评价认证标识的产品
   C. 应选用高强、高性能材料
   D. 应选择当地推广使用的建筑材料
14. 根据室内环境污染控制的不同要求，属于Ⅰ类民用建筑的有（　　）。
   A. 图书馆　　　B. 学校教室　　　C. 体育馆
   D. 住宅　　　　E. 工人宿舍
15. 民用建筑工程室内用饰面人造木板必须测定（　　）。
   A. 苯的含量　　　　　　　　B. 挥发性有机化合物（TVOC）含量
   C. 游离甲醛含量或游离甲醛释放量　　D. 甲苯+二甲苯含量
16. 民用建筑工程室内装修所用水性胶粘剂必须检测合格的项目是（　　）。
   A. 苯+VOC　　　　　　　　B. 甲苯+游离甲醛
   C. 游离甲醛+VOC　　　　　D. 游离甲苯二异氰酸酯（TDI）

【答案】1. B　2. BCDE　3. C　4. B　5. ACDE　6. A　7. A　8. ADE　9. ABDE
10. C　11. C　12. A　13. A　14. BD　15. C　16. C

7　建筑工程企业资质与施工组织

备注：4个选项统一为单选题，5个选项统一为多选题，下同。

1. 企业资质要求持有岗位证书的施工现场管理人员有（　　）。
   A. 施工员　　　B. 安全员　　　C. 电工
   D. 机械操作员　E. 造价员
2. 下列建筑工程中，施工总承包二级资质可承接的有（　　）。
   A. 高度120m的民用建筑　　　　B. 高度90m的构筑物
   C. 单跨跨度30m建筑　　　　　　D. 建筑面积5万m^2民用建筑
   E. 建筑面积3万m^2单体工业建筑
3. 下列工程中，建筑工程专业二级注册建造师可担任项目负责人的是（　　）。
   A. 建筑物层数为30层的公共建筑
   B. 建筑物高度为120m的民用建筑
   C. 开挖量50万m^3的土方工程
   D. 单项工程合同额为2000万元的装饰装修工程

4. 下列工程中，超出二级注册建造师（建筑工程）执业资格范围的是（　　）。
   A. 高度 90m 的公共建筑工程　　　　　　B. 24 层的房建地基与基础工程
   C. 面积 6500m² 的幕墙工程　　　　　　　D. 造价 900 万元的装饰装修工程
5. 项目施工过程中，对施工组织设计进行修改或补充的情形有（　　）。
   A. 设计单位应业主要求对楼梯部分进行局部修改
   B. 某桥梁工程由于新规范的实施而需要重新调整施工工艺
   C. 由于自然灾害导致施工资源的配置有重大变更
   D. 项目部人员发生重大调整
   E. 某钢结构工程施工期间，钢材价格上涨
6. 下列专项方案中，需进行专家论证的有（　　）。
   A. 搭设高度 8m 以上的模板支撑体系
   B. 跨度 8m 的梁，线荷载 22kN/m
   C. 施工高度 50m 的幕墙工程
   D. 水下作业
   E. 开挖深度 10m 的人工挖孔桩
7. 需要组织专家进行安全专项施工方案论证的是（　　）。
   A. 开挖深度 3.5m 的基坑的土方开挖工程
   B. 施工高度 60m 的建筑幕墙安装工程
   C. 架体高度 15m 的悬挑脚手架工程
   D. 搭设高度 30m 的落地式钢管脚手架工程
8. 正三角形边框是黑色、背景为黄色、图形是黑色的标志是（　　）。
   A. 警告标志　　　B. 禁止标志　　　C. 指令标志　　　D. 提示标志
9. 下列标志类型中，不属于施工现场安全标志的是（　　）。
   A. 禁止标志　　　B. 警告标志　　　C. 宣传标志　　　D. 提示标志
10. 施工现场多个类型的安全警示牌在一起布置时，排列顺序是（　　）。
    A. 提示、指令、警告、禁止　　　　　　B. 提示、警告、禁止、指令
    C. 警告、禁止、指令、提示　　　　　　D. 禁止、警告、指令、提示
11. 同一年度内，行政机关对某施工单位场容场貌的违规行为进行两次警告后，应给予的处罚是（　　）。
    A. 通报批评　　　　　　　　　　　　　B. 取消项目经理资格
    C. 降低施工单位资质等级　　　　　　　D. 进行停工整顿
12. 以下不属于施工组织管理考评内容的是（　　）。
    A. 关键岗位培训及持证上岗　　　　　　B. 总分包管理
    C. 料具管理　　　　　　　　　　　　　D. 企业及项目经理资质情况
13. 现场临时用电施工组织设计的组织编制者是（　　）。
    A. 项目经理　　　　　　　　　　　　　B. 项目技术负责人
    C. 土建工程技术人员　　　　　　　　　D. 电气工程技术人员

14. 关于施工现场电工作业的说法，正确的有（　　）。
A. 持证上岗
B. 用绝缘工具
C. 穿绝缘鞋
D. 戴绝缘手套
E. 带负荷插拔插头

15. 下列施工场所中，施工照明电源电压不得大于12V的是（　　）。
A. 隧道　　　B. 人防工程　　　C. 锅炉内　　　D. 高温场所

16. 在施工现场的下列场所中，可以使用36V电压照明的有（　　）。
A. 人防工程
B. 特别潮湿环境
C. 易触及带电体场所
D. 有导电灰尘环境
E. 照明灯具离地高度2.0m的房间

17. 某临时用水支管耗水量 $Q=1.92$ L/s，管网水流速度 $v=2$ m/s，则计算水管直径 d 为（　　）。
A. 25mm　　　B. 30mm　　　C. 35mm　　　D. 50mm

18. 现场计算临时总用水量应包括（　　）。
A. 施工用水量
B. 消防用水量
C. 施工机械用水量
D. 商品混凝土拌合用水量
E. 临水管道水量损失量

19. 高度超过24m的建筑工程，临时消防竖管的管径不小于（　　）。
A. DN40　　　B. DN50　　　C. DN65　　　D. DN75

20. 自行设计的施工现场临时消防干管直径不应小于（　　）mm。
A. 50　　　B. 75　　　C. 100　　　D. 150

【答案】1. ABE　2. BCE　3. C　4. C　5. BC　6. ABCD　7. B　8. A　9. C　10. C　11. A　12. C　13. D　14. ABCD　15. C　16. ADE　17. C　18. ABCE　19. D　20. C

8　施工招标投标与合同管理、进度管理

备注：4个选项统一为单选题，5个选项统一为多选题，下同。

1. 关于联合体投标的说法，错误的是（　　）。
A. 联合体各方均应具备承担招标项目的相应能力
B. 由同一专业的单位组成的联合体，按照资质等级较高的单位确定资质等级
C. 联合体各方应签订共同投标协议
D. 联合体中标后，联合体各方应共同与招标人签订合同

2. 下列费用中属于企业管理费的有（　　）。
A. 住房公积金
B. 固定资产使用费

C. 工程排污费　　　　　　　　　D. 工伤保险费
E. 劳动保护费

3. 总承包服务费应计入（　　）。
A. 规费　　　　　　　　　　　　B. 措施项目费
C. 分部分项工程费　　　　　　　D. 其他项目费

4. 采用不平衡报价法时，可以报高价的是（　　）。
A. 后期施工项目　　　　　　　　B. 预计工程量可能会增加到项目
C. 设计图纸内容明确的项目　　　D. 实施概率不大的暂定项目

5. 施工承包合同履行过程中应进行合同变更的情形有（　　）。
A. 基础底面设计标高降低 0.5m
B. 总承包单位经建设单位同意，把土方工程分包给具有相应资质的 B 公司施工
C. 建设单位要求剪力墙表面平整度允许偏差调整为 3mm
D. 劳务用工数量有重大调整
E. 承包单位提出优化墙体施工方案

6. 发包人提出设计变更时，向承包人发出变更指令的是（　　）。
A. 监理人　　　　　　　　　　　B. 发包人
C. 设计人　　　　　　　　　　　D. 承包人

7. 采购的"四比一算"中，"一算"是指（　　）。
A. 算运距　　　　　　　　　　　B. 算时间
C. 算成本　　　　　　　　　　　D. 算数量

8. 下列施工参数中，属于工艺参数的是（　　）。
A. 流水节拍　　　　　　　　　　B. 流水强度
C. 流水步距　　　　　　　　　　D. 流水施工工期

【答案】1. B　2. BE　3. D　4. B　5. AC　6. A　7. C　8. B

9　施工质量、成本、安全管理

备注：4 个选项统一为单选题，5 个选项统一为多选题，下同。

1. 作为混凝土用水时可不检验的是（　　）。
A. 中水　　　　　　　　　　　　B. 饮用水
C. 施工现场循环水　　　　　　　D. 搅拌站清洗水

2. 关于砖砌体的质量控制要求的说法，正确的有（　　）。
A. 砌筑前设立皮数杆　　　　　　B. 内外搭砌
C. 上、下错缝　　　　　　　　　D. 清水墙无通缝
E. 砖柱采用包心砌法

3. 下列钢结构施工用材料中，使用前必须进行烘焙的有（　　）。
A. 焊钉　　　　　　B. 焊接瓷环　　　　C. 焊剂
D. 药芯焊丝　　　　E. 焊条

4. 预制构件进场时，需提供的质量证明文件包括（　　）。
A. 出厂合格证　　　　　　　　　　B. 钢筋复验单
C. 混凝土强度检验报告　　　　　　D. 进场复验报告
E. 钢筋套筒等的工艺检验报告

5. 关于检验批验收组织的说法，正确的是（　　）。
A. 由施工单位专业工长组织　　　　B. 由总监理工程师组织
C. 由施工单位专业质检员组织　　　D. 由专业监理工程师组织

6. 建筑工程质量验收划分时，分部工程的划分依据有（　　）。
A. 工程量　　　　　B. 专业性质　　　　C. 变形缝
D. 工程部位　　　　E. 楼层

7. 分部工程验收可以由（　　）组织。
A. 施工单位项目经理　　　　　　　B. 总监理工程师
C. 专业监理工程师　　　　　　　　D. 建设单位项目负责人
E. 建设单位项目专业技术负责人

8. 组织并主持节能分部工程验收工作的是（　　）。
A. 节能专业监理工程师　　　　　　B. 总监理工程师
C. 施工单位项目负责人　　　　　　D. 节能设计工程师

9. 关于建筑节能工程施工质量验收的说法，正确的是（　　）。
A. 建筑节能工程是单位工程的一个分部工程
B. 建筑节能工程是单位工程的一个分项工程
C. 一般工程可不进行围护结构节能构造实体检验
D. 节能验收资料不需单独组卷

10. 建筑节能工程应按照（　　）为单位进行验收。
A. 单位工程　　　　　　　　　　　B. 分部工程
C. 子分部工程　　　　　　　　　　D. 分项工程

11. 关于工程文件归档组卷的说法，正确的是（　　）。
A. 图纸折叠时标题栏朝内　　　　　B. 内容基本真实
C. 电子文档存储采用通用格式　　　D. 归档文件可用复印件

12. 在竣工图章中需列明的内容有（　　）。
A. 施工单位项目负责人　　　　　　B. 现场监理
C. 施工单位竣工图审核人　　　　　D. 总监理工程师
E. 设计单位竣工图审核人

13. 单位工程验收时的项目组织负责人是（　　）。
A. 建设单位项目负责人　　　　　　B. 施工单位项目负责人
C. 监理单位项目负责人　　　　　　D. 设计单位项目负责人

14. 下列影响扣件式钢管脚手架整体稳定性的因素中,属于主要影响因素的有( )。
A. 立杆的间距
B. 立杆的接长方式
C. 水平杆的步距
D. 水平杆的接长方式
E. 连墙件的设置

15. 关于移动式操作平台安全控制的说法,正确的有( )。
A. 台面面积不得超过 10m²
B. 允许带不多于 2 人移动
C. 台面高度不得超过 5m
D. 台面脚手板要铺满钉牢
E. 台面四周设防护栏杆

16. 施工现场五芯电缆中用作 N 线的标识色是( )。
A. 绿色 B. 红色 C. 淡蓝色 D. 黄绿色

17. 在管道内作业时宜使用的手持电动工具类型是( )。
A. 0 类 B. Ⅰ类 C. Ⅱ类 D. Ⅲ类

18. 物料提升机安装至 31m 高度时,保证其整体稳定的方法是( )。
A. 缆风绳   B. 警报装置
C. 防护门   D. 连墙杆做刚性连接

19. 关于外用电梯安装和使用的说法,正确的有( )。
A. 应由有资质的专业队伍安装
B. 进场 30d 内到建设行政主管部门申报登记
C. 设置常闭型防护门
D. 多层施工交叉作业禁止同时使用外用电梯
E. 6 级以上大风停止使用

20. 施工现场的塔吊必须停止作业的天气状况有( )。
A. 浮尘   B. 大雨   C. 大雪
D. 大雾   E. 五级大风

21. 根据《建筑施工安全检查标准》JGJ 59—2011,起重吊装的保证项目有( )。
A. 施工方案   B. 行程限位装置
C. 起重吊装   D. 作业人员
E. 作业环境

【答案】1. B 2. ABCD 3. CDE 4. ACE 5. D 6. BD 7. BD 8. B 9. A 10. D 11. C 12. BCD 13. A 14. ABCE 15. ACDE 16. C 17. D 18. D 19. ACE 20. BCD 21. ADE

10 绿色施工及现场环境管理

备注：4 个选项统一为单选题，5 个选项统一为多选题，下同。

1. 下列内容中，不属于绿色施工"四节"范畴的是（　　）。
   A. 节约能源　　　B. 节约用地　　　C. 节约用水　　　D. 节约用工

2. 下列对建筑垃圾的处理措施，错误的是（　　）。
   A. 废电池封闭回收
   B. 碎石用作路基回填料
   C. 建筑垃圾回收利用率达 30%
   D. 有毒有害废物分类率达 80%

3. 关于施工现场污水排放的说法，正确的有（　　）。
   A. 现场生活垃圾可作为回填再利用
   B. 实验室污水直接排入市政污水管道
   C. 现场的工程污水处理达标后排入市政污水管道
   D. 现场雨、污水合流排放
   E. 工地厨房设隔油池，及时清理

4. 下列施工现场成品，宜采用"盖"的保护措施的是（　　）。
   A. 铝合金门窗
   B. 地面砖铺贴完成后的房间
   C. 楼梯踏步
   D. 门厅大理石块材地面

5. 下列作业中，属于二级动火作业的是（　　）。
   A. 危险性较大的登高焊、割作业
   B. 一般性登高焊、割作业
   C. 有易燃物场所的焊接作业
   D. 有限空间内焊接作业

6. 在现场施工，属于一级动火作业的是（　　）。
   A. 小型油箱
   B. 比较密封的地下室
   C. 登高电焊
   D. 无明显危险因素的露天场所

7. 一级动火作业的防火安全技术方案应由（　　）组织编制。
   A. 项目负责人
   B. 项目技术负责人
   C. 项目安全负责人
   D. 企业技术负责人

8. 仓库内严禁使用的灯具是（　　）。
   A. 荧光灯　　　B. 钠灯　　　C. 碘钨灯　　　D. 氙灯

【答案】1. D　2. D　3. CE　4. D　5. B　6. B　7. A　8. C